AF289906

Dr. Bahram Bahrami

Revolution
der
Astronomie und Physik

Meine Theorien

Herstellung und Verlag : Books on Demand GmbH , Norderstedt

ISBN: 978-3-8334-8453-7

Die Prinzipien der Natur sind meist sehr einfach. Die Einfachheit ist jedoch so groß , daß sie zu durchschauen äußerst schwer sein kann.

Dr. B. Bahrami

Für die freundliche Überlassung der Bilder möchte ich mich bei Nasa-Hubble und PixelQuelle bedanken .

Dieses Buch wird meiner lieben Frau Gerda gewidmet.

Inhaltsverzeichnis

Einleitung

Dieses Buch wendet sich nicht nur an Fachleute, sondern auch an das breite interessierte Publikum . Deswegen wurde bewußt versucht , trotz der schweren Thematik, so weit wie möglich , die Thematik durch einen relativ einfachen und gut verständlichen Text, durch Abbildungen, Graphiken und Zeichnungen auch für interessierte Laien verständlich und zugänglich zu machen.

Die Astronomie und Physik befinden sich in einer Sackgasse und kommen nicht vorwärts , da sie seit Jahrzehnten krampfhaft an einigen festgefahrenen Theorien, Prinzipien, Gesetzen, und Vermutungen festhalten , die nicht richtig sind.

Die Zeit ist deswegen reif für einen frischen Wind.

Dieses Buch wird unsere gesamte heutige Astronomie und Physik revolutionieren und stark modernisieren. Dies dürfte uns alle angehen, auch wenn wir uns nur flüchtig für diese Fächer interessieren , denn es geht um grundsätzliche Dinge, die dazu beitragen, unsere gesamte Welt besser zu verstehen und neu zu ordnen.

Ich kann Ihnen an dieser Stelle schon soviel verraten, daß die in diesem Buch abgehandelten äußerst faszinierenden Phänomene und deren Erklärungen jeden von uns beeindrucken und faszinieren werden.

Es werden ferner viele Rätsel gelöst, sowie viele Phänomene erklärt, die bisher unerklärbar, unverständlich oder völlig rätselhaft waren . Der Autor setzt sich außerdem mit diesen Phänomenen kritisch auseinander und versucht sie zu begründen und auch für die Laien verständlich zu machen.

Sie finden in diesem Buch ferner einige interessante Theorien von mir , über einige Phänomene , die bisher ebenfalls rätselhaft waren ,und zwar in äußerst logischer, und soweit möglich ebenfalls in allgemein verständlicher Form.

Dieses Buch unterscheidet sich in vielerlei Hinsicht von vielen anderen Büchern, die nur bekannte Tatsachen und Erkenntnisse wiedergeben bzw. wiederholen, und die Sachen beschreiben, ohne eine Begründung dafür zu geben bzw. sich damit kritisch auseinanderzusetzen, **und ist deswegen weniger reproduktiv, sondern völlig kreativ und schöpferisch und erschließt deswegen sehr viel Neuland**

Dies verrät schon der Titel dieses Buches.

Mehr möchte ich Ihnen an dieser Stelle nicht verraten, vielmehr es Ihnen selbst überlassen, die Faszinationen dieses Buches bei der Lektüre selbst zu entdecken.

Kapitel 1

Einführung in die Thematik

Die Astronomie und Physik halten seit Jahrzehnten krampfhaft fest an einigen festgefahrenen Prinzipien, Gesetzen , Vermutungen und Theorien , wie an der Urknalltheorie, deren Unrichtigkeit mittlerweile zum Himmel schreit ,und kommen deswegen in grundsätzlichen Dingen nicht voran und befinden sich praktisch in einer Sackgasse.

Es haben sich einige feste Meinungen etabliert, die zwar nicht richtig sind , an denen aber trotzdem evt. mangels an Alternativen krampfhaft festgehalten wird. Es haben sich ferner größere Irrtümer eingeschlichen, die nicht bemerkt worden sind . Die Geschichte von Ptolemäus scheint sich zu wiederholen.

Unser Wissen über das Wesen des Universums und seine Bestandteile muß trotz einiger Fortschritte als gering und nicht zufriedenstellend bezeichnet werden. Ja wir wissen z.B. immer noch nicht, wo sich das Zentrum des Universums befindet und wo sein äußerer Rand ist. Wir wissen genau aus diesem Grunde auch immer noch nicht, an welcher Stelle wir uns im Koordinatensystem des Universums befinden, ob wir z.B. im Bezug zum Zentrum des Universums sozusagen auf dem Kopf stehen, auf der Seite oder aufrecht, usw.

Die Zeit ist deswegen reif für einen frischen Wind, für eine neue Denkrichtung, für größere bahnbrechende Theorien und Entdeckungen, die die Astronomie und Physik insgesamt ein erhebliches Stück nach vorne bringen würden.

Unsere heutige Physik ist praktisch eine Physik der Idealfälle und Sonderzustände , und hat somit nur ein sehr begrenztes Anwendungsgebiet. Auch die meisten physikalischen Formeln können nur **Idealfälle** berechnen und versagen total bei komplizierten Zuständen, die jedoch in der Natur sehr häufig anzutreffen sind bzw. fast die Regel sind.

Auch unsere heutige Astronomie steht nicht viel besser da. Z.B. die Urknalltheorie ist nicht richtig und hat mit der Realität wenig zu tun .Auch die Relativitätstheorien von Einstein sind nachweislich nicht richtig.

Es ist zwar äußerst interessant z.B. durch das Hubble-Teleskop fast täglich wunderschöne Bilder vom Universum bzw. von den einzelnen Himmelsobjekten zu schießen . Dadurch wird unser Bildmaterial vom Universum zweifellos reichhaltiger . Es genügt aber keineswegs, daß man sich darüber nur freut oder wundert, sondern es ist dringend notwendig , daß darüber intensiv Gedanken gemacht werden, um die Geheimnisse des Universums zu enträtseln.

Es ist höchste Zeit für eine Revolution der Physik und der Astronomie, wie durch dieses Buch geschieht. Die

heutige Physik und Astronomie muß total modernisiert und revidiert werden. Das geschieht durch dieses Buch, das außerdem dazu viele Anregungen gibt.

Meine wichtige DPNS-Theorie des Universums konnte in diesem Buch leider nicht detailliert dargestellt werden, da sie sehr ausführlich ist und den Rahmen dieses Buches sprengen würde. Deswegen wird verwiesen auf mein Buch „ Das Geheimnis der Entstehung des Universums, meine DPNS-Theorie" das ausführlich auf diese Theorie eingeht.

Es wird Ihnen in diesem Buch u.a. auch gezeigt werden, wie wenig brauchbar und sinnvoll unsere physikalischen Formeln sind, daß die Relativitätstheorien von Einstein nicht richtig sind, daß die bisher berechneten Entfernungen der Sterne und die angenommenen Dimensionen des Universums nicht zutreffen und stark korrigiert werden müssen, daß das Newtonsche Gravitationsgesetz nicht richtig ist und wie es korrigiert werden muß, wie das Problem der von vielen Astronomen berechnete und massive fehlende Gravitation der Galaxien und des ganzen Universums von ca. 90 % gelöst wird, und, und............

Mehr will ich Ihnen an dieser Stelle nicht verraten und überlasse Ihnen selbst, durch die Lektüre dieses Buches die Faszinationen dieses Buches selbst zu entdecken.

Kapitel 2

Sind unsere physikalischen Formeln richtig und brauchbar?

***Unschärfe bzw. keine exakte Bestimmbarkeit
im Mikro- und auch im Makrokosmos?***

***Über den Sinn und Unsinn der physikalischen
und mathematischen Formeln***

Wenn wir in ein Physikbuch hineinschauen , so werden wir sehen, daß dort es praktisch wimmelt von **Formeln.** Auch im Bereich der Astrophysik schaut es nicht viel anders aus . Die meisten Formeln werden wir aber erwartungsgemäß in einem Mathematikbuch finden.

Auch die Astronomie bedient sich zahlreicher Formeln. Diese Formeln sind selbstverständlich entwickelt worden, um z.B. verschiedene Zahlen, Werte, Zustände und Situationen in unserer Welt zu bestimmen , d.h. um aufgrund einiger bekannten Werte bzw. Zahlen, unbekannte Werte zu berechnen, um z.B. Vorausberechnungen und Prognosen machen zu können.

Leider ist die Meinung weit verbreitert, daß durch die Formeln die Richtigkeit der verschiedenen Behauptungen , Theorien und Relationen in der Mathematik und Physik bewiesen werden können.

Wer sich mit der Entwicklung der Formeln beschäftigt hat, weiß, daß es sehr wohl möglich ist, für sehr viele Ereignisse und Vorgänge Formeln zu entwickeln . Diese Formeln können aber völlig willkürlich sein und **ohne jegliche Beweiskraft.**

Dieser Aspekt ist jedoch nicht der Gegenstand dieses Kapitels ,sondern die Tatsache ,**daß physikalische und viele mathematische Formeln entgegen der weit verbreiteten Meinung keine Allgemeingültigkeit , insbesondere für andere Orte oder andere Zeiträume zu haben brauchen.**

Schon die **Chaos-Gesetze** zeigen uns , daß viele Formeln ihre Gültigkeit verlieren können, für Orte, die nur wenige Zentimeter voneinander entfernt sind , oder bei anderen Zeiträumen.
Äußerst grotesk sind in diesem Zusammenhang die teuren Versuche , um experimentell die Richtigkeit bzw. die Unrichtigkeit der sogenannten **Urknalltheorie** zu beweisen .
Meint man im Ernst , daß durch die heute durchgeführten Experimente und durch unsere Formeln die Richtigkeit bzw. die Unrichtigkeit der Vorgänge beweisen zu können, die **ca.15 Milliarden Jahre!!** zurückliegen und an einem Ort stattgefunden haben, **die Milliarden Lichtjahre !!** entfernt

sind? Ganz abgesehen davon, läßt sich die Unrichtigkeit der Urknalltheorie schon durch logisches Denken nachweisen (s. **mein Buch „ Das Geheimnis der Entstehung des Universums")** und bedarf überhaupt keinerlei Experimente und gar keine finanziellen Mittel.

Unsere physikalische Formeln können Ihre Gültigkeit verlieren, schon in einer Entfernung von wenigen Metern oder bei anderen Zeiträumen .

Soweit diese Formeln einen **Zeitfaktor** beinhalten , wird diese Ungenauigkeit noch größer, **da die Zeit schon auf unserer Erde sehr relativ ist** und von Ort zu Ort schneller oder langsamer laufen kann , sodaß z.B. eine Sekunde keine fest definierbare Größe mehr darstellt (verg. **Kapitel 12** , ferner **„Meine energetische Relativitätstheorie"** und **„Beweise für energetische Relativitätstheorie" in meinem Buch „ Sind die Relativitätstheorien von Einstein richtig ?, Meine energetische Relativitätstheorie,,**) und Deswegen sind sie schon hier auf der Erde nicht allgemeingültig.

Wir wollen im Rahmen dieses Kapitels untersuchen, in wieweit diese zahlreichen Formeln richtig sind und verwendet werden können, und ob die dadurch ermittelten Werte zuverlässig und brauchbar sind.

Früher war man der Überzeugung, daß die aufgrund dieser Formeln errechneten Werte hundertprozentig richtig und hundertprozentig zuverlässig sind.

Seit der **Quantentheorie** wissen wir, daß im Bereiche des Mikrokosmos eine scharfe Positionsbestimmung nicht möglich ist. Sie ersetzt die scharfen Größen und Werte der klassischen Physik durch Wahrscheinlichkeitsformeln.

Diese Probleme sind langsam im Laufe der Jahre zutage getreten. Meilensteine sind hier die Entdeckung der Strahlungsgesetze des schwarzen Körpers durch Max Planck, die Deutung des photoelektrischen Effekts und die spezifische Wärme fester Körper durch Albert Einstein. Ferner haben sich hier verdient gemacht Niels Bohr, de Broglie , Schrödinger und Heisenberg, und haben die Grundlagen der Quantentheorie gelegt.

Nachfolgend möchte ich zeigen und dafür Beweis führen, daß unsere physikalischen und teilweise auch mathematischen Formeln nicht praktisch anwendbar, völlig naturfremd, teilweise nicht exakt und überhaupt nicht brauchbar sind:

1. Unsere Formeln repräsentieren nur Idealzustände und enthalten nur die Relationen zwischen 2 oder 3 bzw. sehr wenigen Faktoren , und vernachlässigen die anderen Faktoren bzw. berücksichtigen sie nicht . Sonst wären sie viel zu kompliziert und wären nicht einmal unter dem Einsatz von größeren Computern rechenbar, während in der Natur Idealzustände sehr selten sind und zahlreiche Faktoren in Erscheinung treten, die das Ergebnis unserer Formeln oft stark beeinflußen bzw. unbrauchbar machen.

Deswegen sind die Formeln auch aus diesem Grunde ungenau , nicht konform mit der Natur, und von vornherein von sehr begrenztem und dubiösem Wert.

Folgende Beispiele mögen dies deutlich machen:

1. Z.B. die meisten Physikalischen Formeln berücksichtigen das Phänomen **Reibung** nicht. Zugegeben ist die Reibung vielfach sehr gering, sodaß sie vernachlässigt werden kann, doch sie kann auch sehr groß sein, insbesondere wenn der Faktor Zeit sehr groß wird, wie dies z.B. bei den Geschehen im Universums häufig der Fall ist. **Dann kann das ganze Rechenergebnis total falsch sein**, zumal die Reibung nicht konstant zu sein braucht und stark und öfters unvorhersehbar variieren kann .

2. Die **Newtonschen Axiome** sind reine **Idealfälle, die im täglichen Leben und auch im Universum oft nur unpräzise angewendet werden können.**
Z.B. das 1. Axiom wird infrage gestellt, wenn sehr viel Zeit verstreicht, etwa in der Größenordnung von Jahren, mehreren hundert Jahren, tausend Jahren oder sogar Millionen oder Milliarden Jahren. In dieser Zeit können z.B. Verwesungs- oder Verwitterungsprozesse das Ergebnis stark beeinflussen , oder sogar zum Zerfall der Materie selbst führen.

3. Geschwindigkeitsproblem. Zum Beispiel wenn ein Auto vom Punkt A startet und mit einer konstanten Geschwindigkeit von 130 km/h zum Punkt B fährt, können wir durch die physikalische Formel

$$v = s \, / \, t$$

im voraus berechnen, wann es den Punkt B erreicht. Diese Formel beinhaltet aber nur die Faktoren **konstante Geschwindigkeit, Entfernung** und **Zeit** und kann somit nur diese Faktoren berücksichtigen. Viele Faktoren wie z.B. die**Reibung, evt. Seitenwinde,** die zu einer Schlängelung und somit zur **Distanzverlängerung** , oder zur **kurzfristigen Geschwindigkeitsreduzierungen** führen, oder Streckenverlängerungen durch mehrmaligen **Überholmanöver,** oder sogar **Zeitverlängerungen durch Staus** oder **Geschwindigkeitsbegrenzungen** durch evt. Baustellen werden in dieser Formel nicht berücksichtigt und sind teilweise auch nicht im einzelnen vorhersehbar. Diese Faktoren können aber das Ergebnis evt. erheblich beinträchtigen , **sodaß die Formel dadurch von praktischen Ergebnis erheblich abweicht und unbrauchbar wird.**

4. Auch unsere Geometrie und Mathematik arbeiten mit Idealzuständen. So gibt es in der Natur beispielsweise selten eine reine Kugelform, reine Quadrate und überhaupt reine geometrisch exakt definierte Körper. Genau so ist es im gesamten Universum . z.B. ist die Erde nicht exakt kugelförmig und auch die Strecken sind nicht exakt geradlinig, sondern verbogen . **Deswegen muß jegliche physikalische Berechnung , die von Idealformen ausgeht, falsche Ergebnisse liefern.**

2. Quantentheorie:

Die Experimente im Bereich der Quantenphysik haben u.a. folgendes gezeigt:

1. Es ist gar nicht möglich, ganz exakte Angaben zu machen über die genaue jeweilige Lokalisation eines Elementarteilchens , wie z.B. eines Elektrons . Wir können nur ungefähr errechnen, wo es sich befindet. Auch mehrere nacheinander durchgeführte Messungen können verschiedene Werte ergeben. Das erstaunliche ist dabei, daß auch zwei verschiedene Beobachter, die gleichzeitig Messungen vornehmen, nicht denselben Wert ermitteln können, sondern auch diese Werte Streuungen aufweisen, die durch die Wahrscheinlichkeitsformeln ausgedrückt und ermittelt werden können.

2. Dieses Phänomen hat , wie oben bereits erwähnt ,nicht nur eine objektive , sondern auch eine subjektive Komponente , d.h. 2 Beobachter, die bei demselben Teilchen gleichzeitig Messungen durchführen, kommen zu 2 verschiedenen Ergebnissen .

3. Es ist ferner unmöglich, gleichzeitig den Impuls und die Lokalisation eines Teilchens ganz exakt zu bestimmen.

Das ist die Heisenbergsche Unschärferelation.

4. **Diese Unschärferelationen bestehen auch zwischen einigen anderen physikalischen Größen, so z.B. zwischen der Energie und Zeit.**

5. Der Beobachter und das von ihm beobachtete Objekt sind voneinander abhängig, d.h. durch eine Änderung der Beobachtungsweise, z.B. durch Änderungen der Einzelheiten eines Experiments, wird auch das Verhalten der Elementarteilchen beeinflußt und geändert. Z.B. ob das Photon als Teilchen oder als Welle in Erscheinung tritt, ist abhängig von den Bedingungen des Experiments.

6. Es besteht gegenseitige Abhängigkeit zwischen den beiden Teilchen eines Paares, d.h. das Verhalten eines dieser beiden Teilchen wird geändert, wenn die Bedingungen des anderen Teilchens geändert werden, auch bei größerer Entfernung.

7. Die Elementarteilchen haben auch die Fähigkeit, kurz aus der Oberfläche der Materie heraus zu kommen und haben sogar die Fähigkeit zum Nachbargebiet zu durchtunneln (der Tunneleffekt).

8. Das Vakuum ist nicht leer, wie früher geglaubt worden war, sondern dort befinden sich Elementarteilchen, die sich laufend in Energieumwandeln und umgekehrt. Es entsteht

anscheinend aus Nichts durch die sogenannte Quantenfluktuation laufend Materie .

3. Chaosgesetze :

Im Bereich des **Makrokosmos** schien noch alles in Ordnung zu sein , was die Anwendung der Formeln , exakte Berechnung und exakte Vorhersagen aufgrund der Formeln anbetrifft.

Einige sehr einfache neue Experimente haben aber erhebliche Zweifel aufkommen lassen . Eines der bekanntesten dieser Experimente ist der **Pendelversuch** , bei dem ein Pendel durch **2 Magnete** abgelenkt wird. Je nachdem von welchem Ausgangspunkt das Pendel losgelassen wird, endet das Pendel entweder bei dem einen, oder bei dem anderen Magneten.
Es hat sich dabei etwas erstaunliches herausgestellt , mit dem niemand gerechnet hatte. **Schon kleinste Abweichungen der Startpunkte des Pendels haben zur Folge, daß das Ergebnis sich total ändert, d.h. daß das Pendel bei dem anderen Magneten landet, obwohl die Startpunkte äußerst eng beieinander liegen.** Nur in unmittelbarer Nähe der jeweiligen Magneten ist das Ergebnis voraussehbar und **schon bei leichter Entfernung von den Magneten wird das Ergebnis chaotisch und absolut nicht mehr vorhersehbar.**

Diese Experimente haben damit gezeigt, daß **im Nahbereich** Vorhersagen und Lokalisationsbestimmungen aufgrund unserer Formeln möglich sind, **aber in weiteren Bereichen** nicht. Das ist dadurch bedingt, daß mit größer werdender Entfernung bzw. Distanz weitere Faktoren hinzu kommen , die nicht vorhersehbar und nicht bekannt waren , schon kleinste Veränderungen können zu ganz anderen Ergebnissen führen . In diesen Bereichen kann nur mit **Wahrscheinlichkeiten** gearbeitet werden .

Meines Erachtens ist aber die Sache noch komplizierter . Z.B. es müsste noch der Faktor **Zeit** berücksichtigt werden. Die meisten Formeln enthalten keinen Zeitfaktor und berücksichtigen somit die Zeit überhaupt nicht . **Je länger aber Zeit verstreicht, desto unexakter muß das Ergebnis der Berechnung bzw. die Vorhersage sein , je länger die Zeit, die dazwischen liegt, umso größer haben verschiedene nicht vorhersehbare Zufälle und Faktoren die Möglichkeit einzuwirken .**
Solange es sich um Minuten, Stunden , Monate oder Jahre handelt, mögen diese Unschärfen noch klein sein , die Sache wird aber extrem, wenn es sich um Jahrhunderte, Jahrtausende, Millionen oder sogar Milliarden von Jahren handelt . **Durch den Faktor Zeit kann dadurch ein Ergebnis so beeinflusst werden , daß dadurch auch nicht ungefähr ein Ergebnis vorausberechenbar oder voraussehbar wird .**

Ich habe oben schon darauf hingewiesen , daß die **Entfernung bzw. die Distanz** bei der Frage der eingeschränkten Möglichkeit exakter Vorhersagen eine wichtige Rolle spielt. Da es sich bei der **Astronomie** im allgemeinen um riesige Entfernungen und Dimensionen von Lichtjahren handelt, so müsste es selbstverständlich sein, **daß insbesondere im Bereich der Astronomie exakte Vorhersagen und Berechnungen mit sehr großer Unsicherheit behaftet sein müssen.**

Chaos-Gesetze im Einzelnen:

Faktor Entfernung oder Distanz (Nr. 1 und 2):

1. Im Nahbereich , bei kleinen nahen Distanzen bzw. Entfernungen und in den Bereichen **der kleinen und der mittleren Größen sind Lokalisationsbestimmungen und Vorhersagen aufgrund von Formeln im allgemeinen gut möglich , die Unschärfre ist dort äußerst gering.** Dies haben z.B. die **Pendelversuche** gezeigt . Ein weiteres Beispiel wäre eine **Schraubenfeder** , die mit verschiedenen Gewichten belastet wird . Durch diese Schraubenfeder sind exakte Berechnungen und Vorhersagen in kleinen und mittleren Bereichen möglich, aber im Überdehnungsbereich , also in relativ größeren Bereichen wird der Zustand chaotisch, genauere Berechnungen und Vorhersagen sind nicht mehr möglich .

Das ist dadurch bedingt, daß mit größer werdender Entfernung bzw. Distanz weitere Faktoren hinzu kommen , die nicht vorhersehbar und nicht bekannt waren , schon kleinste Veränderungen können zu ganz anderen Ergebnissen führen . In diesen Bereichen kann nur mit **Wahrscheinlichkeiten** gearbeitet werden . Oder bei dem Beispiel Schraubenfeder wird durch Überdehnung der Linearitätsbereich verlassen .

2. Bei größer werdenden Distanzen und Entfernungen werden die Vorhersagen und Lokalisationen immer unschärfer , s. Abb.1 :

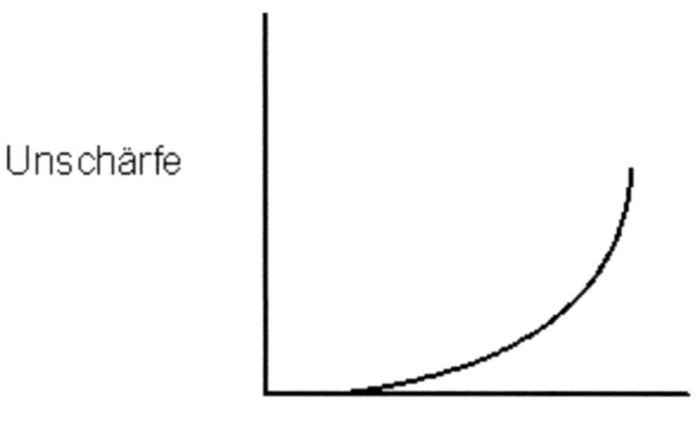

Abb. 1

Auch hier können der **Pendelversuch** und die **Schraubenfeder** als Beispiele erwähnt werden .

Bei größeren Entfernungen wird die Unschärfe u.a. auch deswegen immer größer , da die Wahrscheinlichkeit immer weiter zunimmt, in chaotische Phasen hineinzukommen bzw. sie zu durchlaufen.

Diese Tatsache, daß die **Entfernung bzw. die Distanz** bei der Frage der beschränkten Möglichkeit exakte Vorhersagen machen zu können , von fundamentaler Bedeutung ist , spielt insbesondere im Bereich der Astronomie eine äußerst wichtige Rolle , da bei der Astronomie es sich im allgemeinen um riesige Entfernungen und Dimensionen von

Lichtjahren handelt . **Deswegen müsste es selbstverständlich sein, daß insbesondere im Bereich der Astronomie exakte Vorhersagen und Berechnungen mit sehr großer Unsicherheit behaftet sein müssen .**

Faktor Zeit (Nr. 3 und 4):

3. Je kleiner der Zeitablauf, umso größer ist die Exaktheit der Vorhersagen und   Lokalisationen .

4. Und umgekehrt, je größer der Zeitablauf, umso größer die Unschärfe und die   Unexaktheit der Ereignisse.

Die meisten Formeln enthalten keinen Zeitfaktor und berücksichtigen somit die Zeit überhaupt nicht .

Je länger aber Zeit verstreicht , desto **unexakter** muß das Ergebnis der Berechnung bzw. die Vorhersage sein , **da je länger die Zeit ist , die dazwischen liegt, umso größer haben verschiedene nicht vorsehbare Zufälle und Faktoren die Möglichkeit einzuwirken und umso öfters besteht die Wahrscheinlichkeit, chaotische Phasen zu durchlaufen (vergl. meine Theorie im Kapitel 11)** s. Abb. 2 :

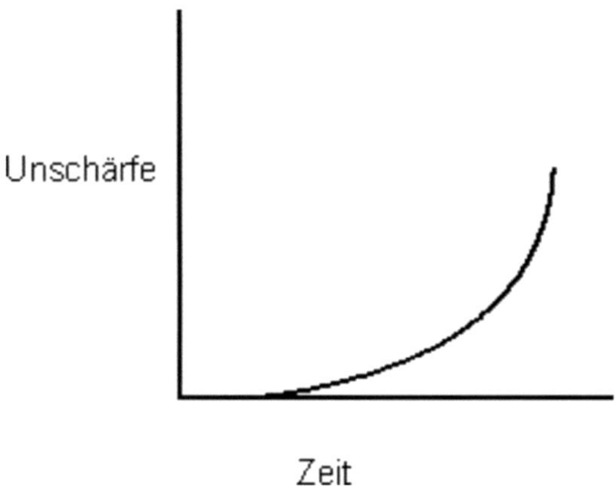

Abb. 2

Solange es sich um Minuten, Stunden , Monate oder Jahre handelt, mögen diese Unschärfen noch klein sein , die Sache wird aber extrem wenn es sich um Jahrhunderte, Jahrtausende , Millionen oder sogar Milliarden von Jahren handelt .**Durch den Faktor Zeit kann dadurch ein Ergebnis so beeinflusst werden , daß dadurch auch nicht ungefähr ein Ergebnis vorausberechenbar oder voraussehbar wird .**

Ich habe mich immer stark gewundert, daß einige Astronomen versuchen, durch Formeln die genauen Einzelheiten, die genauen Verhältnisse , die genauen Parameter und einzelne Zahlen zur Zeit des unterstellten sogenannten Urknalls , also vor mindestens ca. 10-15 Milliarden Jahren zu

berechnen und sogar noch einen Schritt weiter gehen und meinen die Richtigkeit einzelner kosmologischer Theorien alleine durch einige Formeln überprüfen zu können .

Oder es wird immer wieder versucht, durch bloße Formeln Zahlen zu ermitteln über einzelne Sterne , die mehrere Milliarden Lichtjahre von uns entfernt sind.

Welchen Wert diese Berechnungen haben, geht aus den obigen Ausführungen eindeutig hervor . Danach dürfte der Wert nicht allzu groß sein .

5. Ein Chaos kann wieder in einen Ordnungszustand übergehen und umgekehrt ein Ordnungszustand kann jederzeit wieder chaotisch werden.   Dies scheint sogar die Regel zu sein .

Diese Übergänge können sich oft wiederholen .

Das ist auch einer der Gründe , weshalb der Zeitfaktor eine wichtige Rolle spielt bei dem Ausmaß der Unschärfe , da je länger Zeit verstreicht ,   um so häufiger Chaos-Zustände durchlaufen können

6. Bevor ein Ordnungszustand in einen chaotischen Zustand übergeht, gibt es   öfters bestimmte   Alarmzeichen.   Eines   dieser

Alarmzeichen ist die Verdopplung der Periode (d.h. Verlangsamung um die Hälfte) ,s. Abb. 3 :

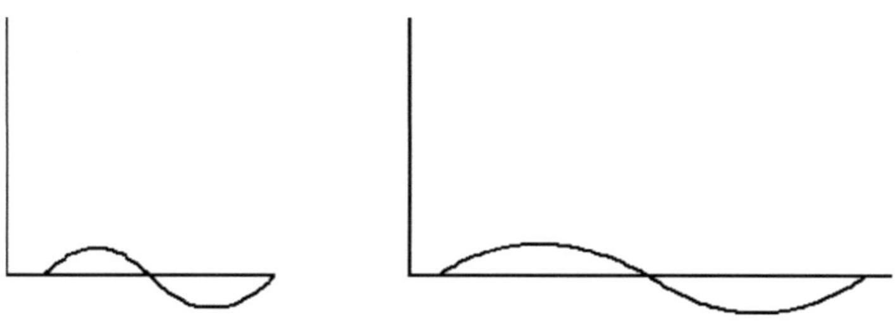

Abb. 3

7. Auch bei einem Chaos-Zustand ist nicht alles total chaotisch, sondern es gibt auch dort durchaus eine gewisse Ordnung bzw. bestimmte Regeln .

Wenn wir z.B. bei dem schon erwähnten **Pendelversuch** die Ergebnisse des Experiments aufzeichnen, werden wir sehen, **daß auch das Chaos nach einem bestimmten Muster vor sich geht .**

Ein weiteres Beispiel wären die **Sterne am Himmel.** Ihre Positionen sind zwar aus dem Chaos –Zustand zufällig hervorgegangen , bei genauen Hinschauen werden wir aber auch dort ein **bestimmtes Muster** feststellen (vergl. auch **meine wissenschaftliche Arbeit über „ Die Verteilung der Sterne).**

Ein 3 . ebenfalls sehr gutes Beispiel wäre die Sonnenaktivität , die bedingt ist durch das **Magnetfeld der Sonne** . Wir wissen, daß das Magnetfeld der Sonne chaotisch ist . Innerhalb dieses Chaos gibt es aber eine Regelmäßigkeit, derart daß die **Sonnenaktivität** und somit auch das Magnetfeld einen regelmäßigen **11-jährigen Zyklus** zeigt , d.h. alle 11 Jahre ein Maximum aufweist .

8. Nicht alle Systeme verhalten sich gleich.
Es gibt Systeme , die im allgemeinen gut berechenbar und recht stabil sind , so daß Vorhersagen auch über längere Zeiträume gut möglich sind. Hier sind z.B. die Planetenbahnen unseres Sonnensystems zu erwähnen.

Es gibt aber Systeme , bei denen öfters chaotische Zustände auftreten bzw. bei denen chaotische Phasen überwiegen , sodaß hier Vorhersagen fas unmöglich sind.

Es gibt auch Systeme, die dazwischen liegen .

4. Konsequenz   meiner   energetischen Relativitätstheorie für Masse :

Die von mir entwickelte energetische Relativitätstheorie besagt, daß Energie (Temperatur, Druck, Strahlung, usw.) Zeit, Raum und Masse beeinflußt ,so daß sie relativ werden und nicht mehr absolut sind, wobei gleichzeitig eine Rot- bzw. Blauverschiebung der entsprechenden Spektren auftritt.
Wir werden im Kapitel 12 ausführlich auf diese Theorie eingehen.

Eine Konsequenz dieser Theorie für die Anwendbarkeit unserer Formeln ist, daß alle Formeln, die den Faktor Masse beinhalten nicht mehr ohne weiteres angewendet werden können, da die Masse durch die jeweilige Energie-Situation beeinflusst wird. Dadurch verlieren alle Formeln , die den Faktor Masse beinhalten Ihre universelle Gültigkeit.

5. Konsequenz meiner energetischen Relativitätstheorie für die Zeit:

Die andere Konsequenz meiner energetischen Relativitätstheorie ist die erweiterte Relativität der Zeit und besagt, daß die Zeit keineswegs konstant, sondern sogar sehr variabel und durch Energie beeinflußbar ist.

Dadurch verlieren die meisten physikalischen Formeln, die eine Zeit beinhalten, mehr oder weniger ihre Bedeutung und Gültigkeit, **insofern, daß sie nunmehr nicht mehr überall angewendet werden können, da die jeweiligen** Energieverhältnisse **von jedem Ort** berücksichtigt **werden müssten. Sie verlieren dadurch ihre universelle Anwendbarkeit. Unsere gesamten Formeln sind somit** keineswegs sozusagen das Maß aller Dinge und keineswegs absolut zuverlässig und unfehlbar . wir müssen uns ständig im Klaren sein über ihre Stärken und Schwächen, bevor wir sie anwenden.

Zusammengefaßt sind unsere physikalischen und viele mathematische Formeln keineswegs exakt und keineswegs überall anwendbar , sie beweisen ferner keineswegs jeglichen Sachverhalt und sind überhaupt nicht das Maß aller Dinge. Deswegen ist der Sinn der meisten solcher Formel äußerst begrenzt und fraglich und mehr von Unsinn geprägt , ja viele Formeln sind sogar völlig wertlos.

Kapitel 3

Alter des Universums

Bei der Bestimmung des Alters des Universums ist den Astronomen ein großer Fehler unterlaufen. Im allgemeinen wird das Alter des Universums heute auf ca. 12-15 Milliarden Jahre geschätzt. Dies kann aber nicht stimmen.

Es muß noch hinzugefügt werden, daß in der Astronomie das Alter des Universums Im Laufe der vergangenen Dekaden laufend in Schritten von Milliarden Jahren nach oben korrigiert worden ist.

Es gibt mehrere Methoden der Altersschätzung des Universums :

1. **Die Parallaxenmethode** ist nur geeignet für nahe Objekte, und ist deswegen für die Altersbestinnung des Universums nicht geeignet.

2. Durch **Temperaturmessung bei weißen Zwergen** und Berechnung der Abkühlungszeit. Diese Methode ist nicht anwendbar auf die weit entfernten weißen Zwergen, da sie schwach strahlen und somit nicht sichtbar sind, und deswegen

nicht anwendbar für die Altersbestimmung des Universums.

3. **Die Urknallmethode , d.h. Berechnung aufgrund des Urknalls** bzw. durch die Hintergrundstrahlung. Da jedoch die ganze Urknalltheorie nicht richtig ist (**s. mein Buch „ Das Geheimnis der Entstehung des Universums, meine DPNS-Theorie „), **scheidet auch diese Methode völlig aus.

4. **Die Radioaktive Methode:**

   a. Bei **Meteoriten** , die hier auf unserer Erde gelandet sind : Diese Meteoriten stammen meist von unseren Sonnensystem selbst und somit von unserer „näheren" Umgebung und nicht von den Objekten, die Milliarden Lichtjahre von uns entfernt sind. Deswegen scheidet diese Methode ebenfalls für die Altersbestimmung des Universums aus.

   b. **Durch Analyse der Spektren der weiten Sterne, die Milliarden Lichtjahre entfernt sind** : Diese Methode ist mit großem Fehlern verbunden, worauf im einzelnen hier im Rahmen dieses Buches nicht eingegangen werden kann.

5. **Altersbestimmung aufgrund der Rotverschiebung und somit aufgrund der Entfernung** (Hubble): Dies scheint mir die beste Methode zu sein.

Die entferntesten Himmelsobjekte, die wir kennen, sind die Quasare, deren Entfernung zu uns ca. 12-15 Milliarden Lichtjahre beträgt. Dies bedeutet, daß das Licht dieser Quasare ca. 12-15 Milliarden Jahre braucht, um uns zu erreichen . **Dies bedeutet wiederum, daß deren Licht, das hier eintrifft, diese Objekte vor ca, 12-15 Milliarden Jahren verlassen hat und eben genau 12-15 Milliarden Jahre unterwegs war.**

Das zeigt somit, nicht wie diese Objekte heute aussehen, sondern wie sie vor ca. 12-15 Milliarden Lichtjahren ausgesehen haben.

Und exakt hier ist den Astronomen ein gravierender Fehler unterlaufen , es ist nämlich übersehen worden, daß die Entwicklungszeit der Quasare , bzw. die Beschleunigungszeit von 0 bis ungefähr auf die Lichtgeschwindigkeit, zu dem geschätzten Alter des Universums von 12-15 Milliarden Jahren <u>hinzugerechnet</u> werden muß.

Die Rotverschiebung der Quasare deutet darauf   hin, daß diese Objekte sich mit   riesengroßen   Geschwindigkeiten bewegen,   die   nah   bei   der   Lichtgeschwindigkeit von 300 000 km/s liegt . Genauer gesagt, dies war der Fall als deren Lichtstrahlen sie von ca. 12-15 Milliarden Jahren verlassen haben . Was heute aus Ihnen geworden ist, wissen wir nicht.

Die Quasare haben sich selbstverständlich nicht immer mit diesen Riesengeschwindigkeiten bewegt, sondern haben bei der Entstehung des Universums mit der Geschwindigkeit 0 angefangen.

Somit brauchten sie zunächst viele Milliarden Jahre, bis auf diese Geschwindigkeit nahe der Lichtgeschwindigkeit anzukommen . Gleichzeitig brauchten sie auch Milliarden Jahre Zeit für ihre Entwicklung bis zum Quasarstadium ,da die Quasare m.E. erst in Galaxien entstehen, die sich im Finalstadium d.h. am Ende ihrer Entwicklung befinden . Wir wissen ferner auch nicht genau , **wann** die betreffenden Galaxien entstanden sind.

Alleine dadurch müßte das geschätzte Alter des Universums von 12-15 Milliarden Jahre mit mindestens ca. 2 multipliziert werden, so daß ein Alter von ca. 24-30 Milliarden Jahre heraus kommt.

Um das besser verständlich zu machen: Nach der Entstehung des Universums mußte die Materie dieser Quasare, Hand in Hand mit ihrer Entwicklung bis zum Quasarstadium, zunächst bis auf die enormen Geschwindigkeiten beschleunigt werden , die wir heute aufgrund ihrer Rotverschiebungen feststellen können, erst dann haben diese Lichtstrahlen , die wir heute hier empfangen können, sie verlassen und brauchten nochmals ca. 12-15 Milliarden Jahre um hier bei uns anzukommen . Deswegen ist nur logisch, daß diese 2 Zeiten zusammen addiert werden müssen, um das Alter des Universums berechnen zu können.

Aber auch diese Berechnung ist noch nicht ganz richtig, da noch ein weiterer Faktor berücksichtigt werden müßte.
Es wurde bei der Berechnung ebenfalls außer Acht gelassen, daß wir mit unserer Erde , mit unserem Sonnensystem und mit unserer Galaxie keineswegs das Zentrum des Universums sind und somit uns keineswegs im Zentrum des Universums befinden.

Die nachfolgenden Zeichnungen mögen diese Problematik verdeutlichen:

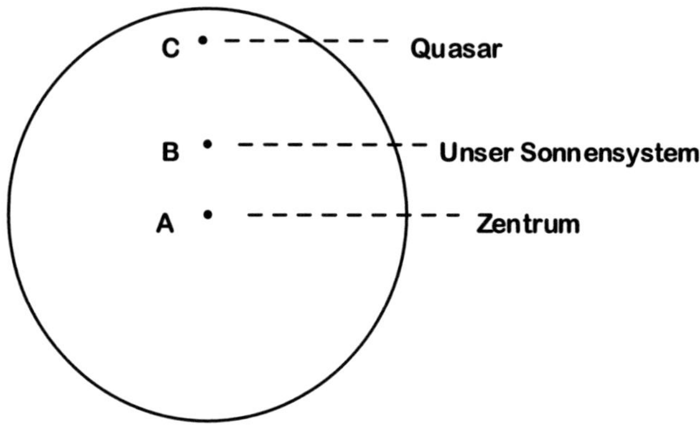

Abb. 1

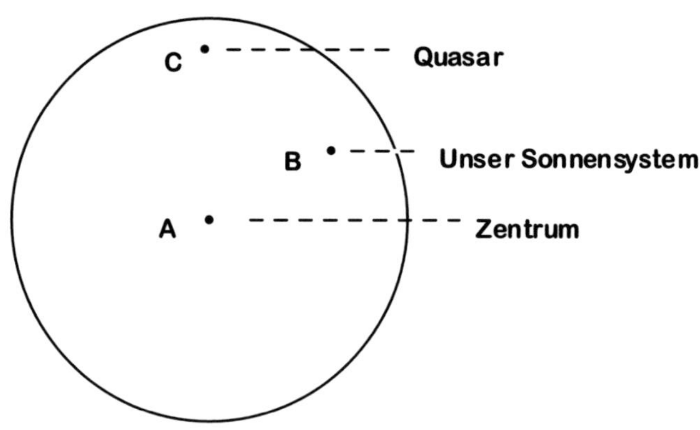

Abb. 2

Die obigen Abbildungen zeigen **2 verschiedene mögliche Positionen von uns im Universum.** Da wir , wie oben erwähnt , unsere genaue Position im Universum nicht kennen, kommen natürlich auch zahlreiche andere Positionen in Frage.

Dies hätte zur Folge, daß sich dadurch die Abstände z.T. erheblich ändern könnten, sodaß die Altersbestimmung des Universum dadurch teilweise voneinander erheblich abweichende Werte ergeben würde.

Z.B. bei unserer Position in Abb. 1 würde das Licht des Quasars uns früher erreichen als bei unserer Position in Abb. 2 , sodaß dadurch eine kleinere Entfernung bestünde und somit aufgrund dessen auch ein geringeres Alter des Universums angenommen würde.

Dies könnte eine weitere Korrektur des Alters des Universums erforderlich machen, die aber derzeit nicht möglich ist, da in der Astronomie immer noch unbekannt ist , wie die Position unserer Galaxie im Universum ist und wo sich das Zentrum und der Rand des Universums befinden.

Die Einzelheiten könnten aber noch komplizierter sein, worauf aber hier nicht näher eingegangen werden kann . Deswegen wird wegen einer umfassenden Darstellung verwiesen auf **meine wissenschaftliche Arbeit „ Wo befindet sich das Zentrum des Universums ?".** Dort wird genauer auf diese Problematik eingegangen und im Rahmen einer Theorie von mir auch genau angegeben wie wir das Zentrum und den Rand des Universums ermitteln können.

Die bisher erwähnten Korrekturen führten zu einer beachtlichen Erhöhung des geschätzten Alters des Universums. Aber ein weiterer sehr wichtiger Faktor ist bisher außeracht geblieben, nämlich die **Berücksichtigung meiner energetischen Relativitätstheorie, die zu einer <u>Reduzierung</u> des geschätzten Alters des Universums führt , da das Ausmaß der Rotverschiebung keineswegs nur von der Entfernungsgeschwindigkeit abhängt, sondern auch vom Energiezustand.**

Voraussetzung für die richtige Bewertung der Rotverschiebung wäre also die genaue Kenntnis über den <u>Energiezustand</u> des jeweiligen Sterns. Die genauen Energiezustände der Sterne bzw. im Bereich der Sterne sind aber weitgehend unbekannt.

Im übrigen sind die Angabe der Entfernung in Lichtjahren in der Astronomie irreführend, da das Licht weiter Sterne und Galaxien unterwegs zwangsläufig an vielen anderen Sternen und Galaxien vorbeiläuft und die Gravitation dieser Sterne und Galaxien das quasi vorbeilaufende bzw. durchlaufende Licht ablenken und so den Weg verlängern können . Dies bedingt, daß die einzelnen Lichtjahre nicht gleich zu sein brauchen.

Wegen der ausführlichen Darstellung meiner energetische Relativitätstheorie wird verwiesen auf Kapitel 12 dieses Buches, ferner auf mein Buch „ Sind die Relativitätstheorien von Einstein richtig ?, meine energetische Relativitätstheorie „.

Deswegen muß von der Rotverschiebung bzw. von dem Entfernungsfaktor ca. 40% abgezogen werden , wodurch das geschätzte Alter des Universums von 24-30 Milliarden Jahren auf **19-24 Milliarden Jahre** reduziert wird.

Es muß ferner klargestellt werden, daß es sich hierbei immer noch nicht um das Alter schlechthin, sondern um das **Mindestalter** des Universums handelt, und sobald feststeht, wo der Mittelpunkt des Universums ist , evt. weiter nach oben korrigiert werden müsste.

Kapitel 4

Die Relativitätstheorien

von Einstein

sind nicht richtig

1. Allgemeine Relativitätstheorie von Einstein:

Im Rahmen meines Buches „ Sind die Relativitätstheorien von Einstein richtig?, meine energetische Relativitätstheorie" konnte ich 20 Beweise anführen, die die allgemeine Relativitätstheorie eindeutig widerlegen , sodaß es als eindeutig nachgewiesen gilt, daß die allgemeine Relativitätstheorie von Einstein nicht richtig ist.

Alleine durch 7 Experimente bzw. Beispiele konnte ich zeigen und beweisen ,daß schon die Grundlagenüberlegungen bzw. das Grundpostulat von

Einstein zwecks Ableitung der Raumkrümmung in seiner allgemeinen Relativitätstheorie , nämlich das sogenannte

"Prinzip der Äquivalenz von Trägheit und Schwere " nachweislich nicht zutreffend ist und daß ein Betroffener bzw. ein Beobachter sehr wohl in der Lage ist, experimentell zu unterscheiden, ob er gerade eine gleichmäßig beschleunigte Bewegung ausführt, oder ob er sich in einem Gravitationsfeld befindet und deswegen beschleunigt wird .

Da schon das Grundpostulat bzw. sozusagen das Fundament der allgemeinen Relativitätstheorie von Einstein nicht richtig ist , zerbricht schon dadurch die gesamte allgemeine Relativitätstheorie von Einstein in sich zusammen.

Dort habe ich ferner gezeigt und bewiesen, daß der Raum nicht gekrümmt ist und auch nicht krumm sein kann , und ferner ,daß eine Gravitationswirkung auch bei nachweislich gerade verlaufendem Raum vorhanden sein kann .

Vor kurzem konnte außerdem in den USA gezeigt werden, **daß auch die Formeln der allgemeinen Relativitätstheorie nicht richtig sind. Es hat vermutlich solange gedauert bis man dies nachgewiesen hat, weil es sich um äußerst komplizierte Formeln handelt.**

2. Spezielle Relativitätstheorie von Einstein : Was die spezielle Relativitätstheorie von Einstein anbetrifft, so geht sie von der Annahme aus und beruht darauf, daß das   Licht die Lichtgeschwindigkeit von 300 000 km/s nicht überschreiten kann.

Mittlerweile ist aber von verschiedenen Wissenschaftlern **durch Experimente nachgewiesen worden, daß das Licht die Lichtgeschwindigkeit von 300 000 km/s wohl überschreiten kann**

Deswegen ist auch die spezielle Relativitätstheorie von Einstein nicht richtig.

Somit sind sowohl die allgemeine Relativitätstheorie als auch die spezielle Relativitätstheorie von Einstein in dieser Form nicht richtig und praktisch gegenstandslos.

Die beiden Relativitätstheorien von Einstein müssen korrigiert , ergänzt und zusammengelegt werden (näheres s. Kapitel 12).Sie sind ein Teilgebiet bzw. eine Sonderform meiner energetischen Relativitätstheorie .

Kapitel 5

Die Urknall-Theorie

ist nicht richtig

In meinem Buch „ Das Geheimnis der Entstehung des Universums, meine DPNS-Theorie „ bin ich sehr ausführlich auf die Urknalltheorie eingegangen und habe dort anhand von 16 Beweisen bzw. Argumenten nachgewiesen , daß die Urknalltheorie nicht richtig und überhaupt nicht brauchbar ist .

Deswegen wird hier an dieser Stelle wegen einer ausführlichen Darstellung der Thematik darauf verwiesen .

Dort wird ferner sehr ausführlich dargestellt, daß es sich bei der Urknalltheorie mehr um Phantasie bzw. mehr um eine Verlegenheitslösung handelt als um Realität .

Die Urknalltheorie kann ferner so gut wie <u>keine</u> der dort
aufgeworfenen   bzw.   kurz   angeschnittenen   Fragen
beantworten .
Sie wirft sogar mehr Fragen auf, als sie beantworten
kann und macht die Problematik noch verworrener.

Im Rahmen dieses Kapitels wird deswegen dies alles
nur kurz erwähnt , als Ergänzung der Thematik dieses
Buches .

Kapitel 6

Meine DPNS-Theorie

(Dynamische phasenverschobene

Nullsummen-Theorie)

Diese Theorie ist sehr ausführlich dargestellt **in meinem Buch,, Das Geheimnis der Entstehung des Universums, meine DPNS-Theorie ,,** und wird hier im Rahmen dieses Kapitels nur als Ergänzung der Thematik dieses Buches kurz erwähnt.

Wenn Sie sich näher für diese Thematik interessieren , möchte ich Sie deswegen verweisen auf mein oben genanntes Buch, das neben einer erheblich ausführlicheren Darstellung meiner DPNS-Theorie, einige weitere interessante Theorien von mir sowie viele faszinierenden Darstellungen und Ausführungen aus dem Gebiet der Astronomie und Schöpfung beinhaltet .

Nach meiner DPNS-Theorie ist das Universum aus 0 hervorgegangen und ist

ein kugelförmiges, dynamisches und phasenverschobenes Nullsummen-System, das Pulsationen durchführt zwischen 0 und unendlich , d.h. daß mal größer und schließlich unendlich groß wird ,und mal kleiner wird und schließlich einen 0-Wert annimmt , wobei zwischen diesen 2 Zuständen viele Milliarden von Jahren liegen. Es handelt sich um riesige Schwingungen zwischen Nichts (0) und Alles (unendlich).

Am Anfang der Expansionsphase steht die Zeit bei 0 und fängt an zu laufen. Es entsteht laufend Raum , d.h. der Raum wird immer größer , und es entsteht laufend Energie , wobei aus der Energie laufend Materie entsteht. Am Ende der Expansionsphase bzw. am Anfang der Kontraktionsphase fängt die Zeit, nach kurzem Stillstand wieder an zu laufen, jedoch in umgekehrter Richtung ,der Raum wird dann immer kleiner und auch die Energie wird immer geringer, wobei aus der Energie laufend Antimaterie entsteht .

Wir wissen aus der Physik, daß Energie und Masse äquivalent sind, d.h. daß sie gleichwertig sind . Sie können sich ferner ineinander umwandeln.

Diese Theorie basiert auf den Gesetzen und Prinzipien der Mathematik und Physik , auf Beobachtungen und Experimenten der Physik , auf Naturgesetzen , sowie auf den Beobachtungen der Natur, Gleichzeitig wird diese Theorie dadurch bewiesen.

Ergänzend möchte ich ferner an dieser Stelle verweisen insbesondere auf meine folgenden wissenschaftlichen Arbeiten : "Hinter den Quasaren", "Leuchtfeuer Scheitelpunkt des Universums", "Am Anfang war es ganz düster ", " Die pränatale Galaxie- und Sternentwicklung bzw. die Entstehung der Materie ", „Das Geheimnis der Galaxien" , "Wo befinden wir uns im Universum?", "Reise tief ins Universum", "Das verzerrte Universum", "Wir rasen durchs Universum", "Ist die Bezeichnung Raum-Zeit-Kontinuum sinnvoll ?", "Entfernung als Maßstab für die Vergangenheit?", Das Alter des Universums " , "Weshalb ist das Universum so groß?" , und möchte darauf hinweisen, daß jede wissenschaftliche Arbeit u.a. mindestens eine Theorie von mir beinhaltet.

Kapitel 7

Kosmische Hintergrundstrahlung

und ihre Deutung

Die kosmische Mikrowellen-Hintergrundstrahlung wurde rein zufällig entdeckt (s. Abb.):

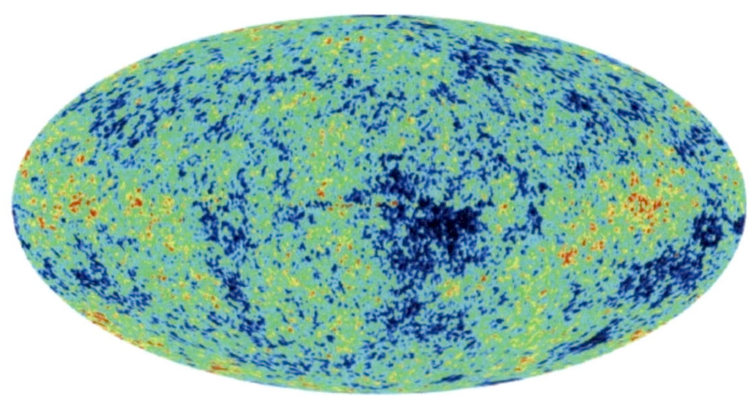

Arno A. Penzias und Robert W. Wilson wollten 1964 im Auftrage des Forschungslabors der Bell Telephone Company die Intensität der Radiowellen messen, die von unserer Galaxie emittiert werden, Sie beobachteten bei einer Wellenlänge von 7,35 cm ein starkes Rauschen, das offenbar zunächst keine Abhängigkeit von der Richtung aufwies. Sie nahmen zunächst an, dieses Rauschen würde von der Antenne selbst erzeugt, da praktisch jeder Gegenstand bei einer Temperatur oberhalb des absoluten Nullpunktes ein Radiorauschen ausstrahlt.

Da man die Intensität bzw. die Energie jeder Wellenlänge auf eine Äquivalent-Temperatur beziehen kann, stellten Penzias und Wilson fest, daß das empfangene Radiorauschen eine Äquivalent-Temperatur von 3,5 Grad Kelvin hat.

Unabhängig davon, hatte man vorausgesagt, daß aus dem früheren Universum eine Strahlung mit einer Äquivalent-Temperatur von ca. 50 Grad K existieren müßte.

Als die Entdeckung von Penzias und Wilson bekannt wurde, **korrigierte man drastisch** und willkürlich diese Voraussage von 50 K auf 3,5 K und bezog die 3,5 K-Strahlung auf die Entstehungszeit des Universums.

Damit eine Übereinstimmung erzielt werden konnte, mußte man sich jedoch eines weiteren Kunststücks bedienen. Man nahm an, daß diese Strahlung aus einer Zeit stammen müßte, als die Temperatur kurz nach der

Entstehung des Universums ca. 3000 K betrug, und dann bei einer Expansion des Universums um den Faktor 1000, würde diese 3000 K-Schwarzkörperstrahlung heutzutage als die 3 K-Strahlung empfangen werden können.
Mittlerweile ist bei genaueren Messungen der Wert 3 K korrigiert worden auf **2,725 K.**

Es ist somit alles mögliche versucht worden, durch Korrekturen und Änderungen völlig künstlich eine Übereinstimmung herzustellen.

Man nahm also an, es handelt sich bei der 3 K-Strahlung bzw. 2,725 K-Strahlung um eine entsprechend ins rot verschobene 3000 K-Strahlung aus den Anfängen des Universums.

Ich möchte entschieden bestreiten, daß diese Deutung zutrifft. Es handelt sich vielmehr um eine an den Haaren herbei gezogene Deutung , die völlig künstlich erfunden worden ist. **Bei den Deutungen hat man sich also krampfhaft bemüht praktisch durch mehrere schönheitschirurgische Operationen eine Sache künstlich zu beweisen.**

Insbesondere folgende Tatsachen sprechen gegen diese Deutung:

1. Ein Urknall ist überhaupt nicht stattgefunden (s. mein Buch „Das Geheimnis der Entstehung des Universums"). Deswegen ist auch jede Suche nach entsprechenden Reststrahlen völlig überflüssig.

2. Aber völlig abgesehen davon, daß ein Urknall überhaupt nicht stattgefunden hat, kann so eine Strahlung nicht nach so langer Zeit, d.h. nach ca. 15 Milliarden Jahre noch existieren, sonst müßten auch die anderen Begleiterscheinungen des Urknalls noch existieren.

3. Ohne die schönheitschirurgischen Maßnahmen würde nicht einmal die Frequenz übereinstimmen, sondern erheblich abweichen.

4. Das Material unseres Sonnensystems müßte auch letzten Endes dem Gebiet entstammen , aus dem diese Hintergrundstrahlung entstand, **Dadurch könnte diese Urknallstrahlung keine Rotverschiebung zeigen,** sondern müßte frequenzgetreu hier ankommen, da dieses Gebiet der damaligen Strahlung sich genau so ausgebreitet haben **muß,** wie das Material, aus dem unser Sonnensystem entstand.

5. Bei der Berechnung der Rotverschiebung hat man die enormen sonstigen Energieverhältnisse wie z.B. die **Druckverhältnisse bei dem " Anfang" des Universums überhaupt nicht berücksichtigt.** Nach meiner energetischen Relativitätstheorie (s. Kapitel 12, meine energetische Relativitätstheorie) bewirkt aber so ein hoher Druck eine enorme zusätzliche Rotverschiebung.

6. Wenn die obige Deutung der Hintergrundstrahlung zutreffen würde, so **müsste** sie nicht von allen Seiten gleich stark sein, **sondern <u>von einer Seite </u>stärker sein (da das Universum ein Zentrum und einen Rand hat). Nach dem Ergebnis der Messungen <u>trifft dies jedoch ebenfalls nicht zu.</u>**

Mittlerweile ist Hintergrundstrahlung außer im Mikrowellenbereich auch im Röntgenbereich und im Infrarotbereicht entdeckt worden.

Meine Theorie der Entstehung der kosmischen Hintergrundstrahlung:

Diese Theorie löst alle diese Probleme:

Bei der kosmischen Hintergrundstrahlung handelt es sich mach meiner Meinung um eine Strahlung der sogenannten Interstellarraums (d.h. des Raums zwischen den Sternen) des ganzen Universums .

Wir wissen, daß die Raumtemperatur 2,725 K (Grad Kelvin) beträgt . Deswegen **muß** diese Strahlung dieser Temperatur entsprechen . **Es handelt sich also um die normale Strahlung des schwarzen Körpers entsprechend seiner Temperatur.**

Über den Interstellarraum hatte man bis vor kurzem völlig falsche Vorstellungen. **Dieser Raum ist nämlich alles andere als leer.**

Insbesondere seit der Beobachtungen aus der **Quantenphysik** wissen wir, daß sogar auch im Vakuum Elementarteilchen vorhanden sind , die sich laufend in Energie umwandeln und umgekehrt , und daß deswegen auch der sogenannte Interstellarraum (auch der Interstellarraum zwischen den einzelnen Sternen unserer eigenen Milchstraße) nicht leer ist, sondern daß sich dort ebenfalls Elementarteilchen befinden , die sich laufend in Energie umwandeln und umgekehrt. Deswegen muß auch der Interstellarraum seine eigene Strahlen haben. Dort müssen sogar **massive Energiemengen** vorhanden sein (s. unten) , die sich laufend in Materie umwandeln und umgekehrt. Es wäre sogar völlig unverständlich , wenn sie sich nicht durch elektromagnetische Wellen bemerkbar machen würden.
Wir sind in der Astronomie normalerweise gewöhnt nur **punktförmige** Erscheinungen zu empfangen , wie z.B. das Licht der Sterne..
Wir empfangen selbstverständlich auch **punktförmige** Erscheinungen (z.B. Licht, Rö.-Strahlen usw.) von unserer eigenen Galaxie bzw. von seinen Sternen.

Es gibt aber auch eine ganze Reihe von diffusen Lichterscheinungen, wie z.B. das Polarlicht oder die Wärmestrahlung.

Wir vergessen bei diesen Überlegungen leicht , daß wir uns zusammen mit unserem gesamten Sonnensystem **innerhalb** unserer eigenen Galaxie befinden, d.h. unsere Galaxie befindet sich um uns herum und wir sind praktisch ein Teil davon .   Unsere Galaxie befindet sich ferner mitten im

Universum .

Deswegen müßten diese diffusen Strahlen sich um uns herum befinden und praktisch von allen Seiten zu empfangen sein.

Der Interstellarraum ist also , wie bereits erwähnt keineswegs leer, sondern ist gefüllt von zahlreichen Elementarteilchen und vielen Energiewellen, die sich laufend ineinander umwandeln. Es handelt sich teilweise um gewaltige Energiemengen, die man bisher als die sogenannte dunkle Materie fehlgedeutet und unterschätzt hat (vergl. auch Kapitel 12, meine energetische Relativitätstheorie, Kapitel 14, meine Gravitationsformel und ferner mein Buch „ Sind die Relativitätstheorien von Einstein richtig? , meine energetische Relativitätstheorie").

Deswegen ist die Menge der interstellaren Materie keineswegs gering, insbesondere wenn man bedenkt welche Dimensionen der interstellare Raum hat. Es handelt sich ja bekanntlich nicht nur um eine Schicht, sondern **um viele Milliarden Schichten,** die übereinander liegen, **sich addieren und deswegen durchaus die Intensität der gemessenen Hintergrundstrahlung erklären können.**

Insbesondere folgende Tatsachen und Beobachtungen sprechen für die Richtigkeit meiner Theorie, beweisen sie, und widerlegen gleichzeitig die Urknalltheorie:

1.   Völlige   Übereinstimmung   zwischen   der   zu erwartenden   d.h.   durch   physikalische   Rechnung berechnete Wellenlänge der Strahlen des schwarzen Köpers bei einer Temperatur vom 2,725 K im Weltraum und   der   gemessenen   Wellenlänge   der Hintergrundstrahlung.

2.   Keinerlei   Notwendigkeit   zur   chirurgischen Schönheitsoperationen   zwecks   Herbeiführen einer Übereinstimmung.

3.   Die   Inhomogenität   der   festgestellten Hintergrundstrahlung (auch die Verteilung der Sterne ist ungleichmäßig, vergl. auch meine wissenschaftliche Arbeit über die Verteilung der Sterne) , unterstreicht ebenfalls meine Theorie.

Kapitel 8

ENERGIE

Was ist Energie?
Welche Bedeutung hat sie?
Was sind Energieerscheinungen?
Gibt es Wechselwirkungen der Energie?
Was ist der Dualismus der Materie und der elektromagnetischen Wellen ?

(Falls Sie dieses Kapitel nicht gut verstehen sollten, weil Ihre Physik-Kenntnisse nicht dazu ausreichen, bitte nicht deswegen verzweifeln , da Sie dann trotzdem die nächsten Kapitel verstehen können) .

Als Einführung in die Thematik dieses Kapitels schauen wir uns zunächst einige Bilder an :

Abb. 1
(**Sonne**)

Bildquelle :PixelQuelle.de

Abb. 2
(**Feuer**)

Bildquelle :PixelQuelle.de

Abb. 3
(**Feuerwerk**)

Wir meinen alle zu wissen, was Energie ist. Sonnenenergie, Licht, Wärme, die Kraft, die unsere Autos fortbewegt, unsere Muskelkraft, das alles bezeichnen wir als Energie. Es handelt sich dabei jedoch nur um Energie**erscheinungen** bzw. **-arten**. Wir sprechen ferner von Kohlen- oder Ölenergie ; letztere beziehen sich aber lediglich auf Energie**träger** . Jeder weiß, was eine Energiekrise ist, und hat auch höchstwahrscheinlich sie näher zu spüren bekommen, wenn er im Winter in seiner Wohnung gefroren hat. Das sind aber Energie**wirkungen.**

Draußen ,im Universum, kommen gewaltige Energiebeträge vor; wir können uns z.B. davon überzeugen, wenn wir uns unsere Sonne oder die Quasare anschauen. Es handelt sich aber dabei wiederum um Energie**erscheinung** bzw. -**wirkungen** großer Dimensionen.

Es wäre durchaus vorstellbar, daß wir dem Wesen der Energie näher kämen, wenn wir uns eine Energiequelle bzw. Energieproduktionsstätte ansehen würden.
Eine solche Stätte wäre z.B. ein Elektrizitätswerk oder ein Atomreaktor. Wir könnten uns jedoch dabei nur davon überzeugen, **wie** Energie erzeugt wird, die wahre Natur der Energie bleibt uns jedoch weiterhin verborgen.

Nachdem unsere Versuche über den Umweg der Energiequelle und Energieerscheinungen die wahre Natur der Energie zu erfassen nicht erfolgreich verliefen, müssen wir uns eine andere Methode einfallen lassen.

Unsere Sprache kennt z.B. Eigenschaftswörter wie energisch, kräftig usw. Wäre das vielleicht eine Möglichkeit, der Sache näher zu kommen? Als energisch bezeichnen wir Menschen, die z.B. sehr aktiv sind, sich gut durchsetzen können und vital sind. Sportler sind z.B. kräftig und haben große Energiereserven. Was steht aber dahinter? Wie sieht die genaue Natur ihrer Energie aus?

Wie wir sehen, kommen wir aber auch so nicht viel weiter.

Eine kritische Auseinandersetzung setzt im allgemeinen Definitionen voraus. **Wenn wir in einem Physikbuch oder in einem Lexikon nachschlagen, so wird dort die Energie definiert , als die Fähigkeit , Arbeit zu leisten, als Arbeitsvorrat**. Das ist zwar abstrakt, vermittelt uns jedoch einen Eindruck über die wahre Natur der Energie .

Energie als solche entzieht sich unseres Bewußtseins, damit auch der wahre Charakter der Materie, als eine Energieform.

Wir kennen viele Formen der Energie z.B. Wärmeenergie, Druckenergie, kinetische Energie, Strahlenenergie, elektrische und magnetische Energie usw.
Energie kann sich also in verschiedenen Masken bzw. Kleidern zeigen, Mit diesem Phänomen wollen wir uns nachfolgend etwas näher befassen:

Die 3 Stufen der Energie:

Die **Energie** ist die Potenz, Arbeit zu leisten und entzieht sich als solche unseres Bewußtseins direkt. Z..B. in Kohle oder Öl steckt Energie, das wissen wir aber durch Erfahrung, die Energie als solche bleibt jedoch abstrakt. Wenn wir Kohle oder Öl verbrennen, so ist die Flamme bzw. die Wärme eine **Energieerscheinung** bzw. -art, die uns auch dann noch nur durch unsere Vorerfahrung und Vorwissen als Energieerscheinung bekannt ist. Kleine Kinder müssen z.B. diese Vorerfahrung erst gewinnen, sie müssen sich erst z.B. die Finger verbrennen, bis sie diese Erfahrung gewinnen. Die eigentliche **Arbeit** wird aber erst geleistet, bzw. die Energie entfaltet sich erst richtig, wenn z.B. Wärme entsteht z.B. ein Raum oder Wasser erwärmt wird . Die ist gleichzeitig auch der **Energieeffekt** .

Ähnlich ist es auch mit anderen Energiearten, z .B. mit der radioaktiven Energie.. Den Alpha- , Beta- , oder Gamma-Wellen ist zunächst nicht ohne weiteres anzusehen, daß sie starke Energieträger bzw. - erscheinungen sind, und erst durch unsere Vorkenntnisse bzw. erst wenn sie einen Schaden verursacht haben, verraten sie sich als solche.

Die Energie hat also 3 Stufen , die schematisch folgendermaßen dargestellt werden können:

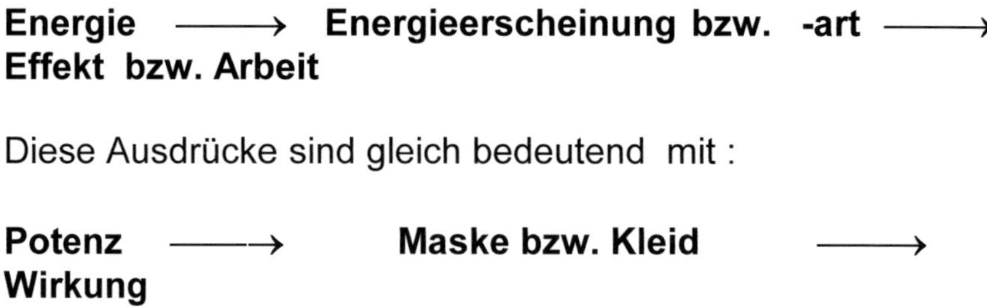

Energie ⟶ **Energieerscheinung bzw. -art** ⟶ **Effekt bzw. Arbeit**

Diese Ausdrücke sind gleich bedeutend mit :

Potenz ⟶ **Maske bzw. Kleid** ⟶ **Wirkung**

Die erste Stufe wird uns im allgemeinen nicht bewußt, die 2. Stufe erst durch Erfahrung und Wissen, und erst die 3. Stufe wird uns unmittelbar zugänglich.

Energie und Materie (Masse) sind äquivalent: E = m. d.h. Energie und Materie sind gleichwertig **und können ineinander umgewandelt werden** (eigentlich müßte heißen : $E = m\,c^2$, c^2 wurde jedoch absichtlich weggelassen, da hier es nur auf die Gleichwertigkeit der Energie und Masse ankommt und nicht auf den Betrag) .
Wir wissen ferner seit dem Physiker de Broglie, daß die Materie aus Wellen - aus den Materiewellen - aufgebaut ist.

Für das Universum als Ganzes d.h. im Bezug auf die **Expansions bzw. Kontraktionsphase des Universums** gilt meines Erachtens die folgende Regel : Ob sich die Energie in Materie umwandelt oder die Materie in Energie wird **u.a.** dadurch entschieden ob es sich um eine **beschleunigte Bewegung** , oder um eine **Abbremsung** handelt. **Bei einer *beschleunigten* Bewegung entsteht aus Energie Materie,** da die Beschleunigung zur Kompression führt . (wir haben alle dies öfters am eigenen Körper erlebt : wenn wir in einem Auto sitzen und das Auto sich beschleunigt, werden wir auf die Sitzlehne gedrückt, also komprimiert).

Bei einer *Abbremsung* wandelt sich Materie in Energie um , da es sich um eine Dekontraktion bzw. Dilatation handelt (auch dies haben wir beim Autofahren erlebt: Bei einer Abbremsung fliegen wir nach vorne) .

Das Signal zur Umwandlung der Energie in Materie und Materie in Energie wird also im Universum gegeben, durch die **Beschleunigung** und **Abbremsung**.

Bei der **Expansionsphase** entsteht vom Punkt 0 bis zu den Quasaren (**Beschleunigungsphase)** laufend aus Energie Materie (Sterne) . Von den Quasaren bis zum Ende des Universums , also bis zum Ende der Expansionsphase (**Abbremsungsphase**) entsteht aus Materie laufend Energie.

Dies wiederholt sich bei der **Kontraktionsphase** in sofern wieder, als in der **Beschleunigungsphase** der Kontraktionsphase aus der Energie laufend Antimaterie entsteht und während der **Abbremsungsphase** sich die Antimaterie wieder laufend in Energie umwandelt .

Ähnlich ist es also , ob aus der Energie Materie oder Antimaterie entstehen soll. Das Signal besteht hier aus der **Bewegungsrichtung** : Bei der Expansionsphase des Universums entsteht aus der Energie Materie, und bei der Kontraktionsphase des Universums entsteht aus Energie Antimaterie.

Regional gesehen , kann M.E. bei der Umwandlung der Energie in Materie und umgekehrt **das Massenwirkungsgesetz, das normalerweise für die Chemie gültig ist, angewendet werden**, obwohl selbstverständlich diese Prozesse völlig anders sind als die chemischen Reaktion ,und damit nicht vergleichbar .
Nach dem Massenwirkungsgesetz kann eine chemische Gleichgewichtsreaktion in die eine oder

andere Richtung verlaufen , je nach der Konzentration der betreffenden Ausgangsstoffe , und zwar die Reaktion läuft in Richtung der geringeren Konzentration.

Also :

$$E \rightleftharpoons M$$

Wir wissen ferner ,daß **Materie eingefrorene Energie ist**

Die Weiterentwicklung der obigen Tatsache führt nun m.E. zu folgender Feststellung, die wir in Form eines **Kreislaufs** folgendermaßen darstellen können :

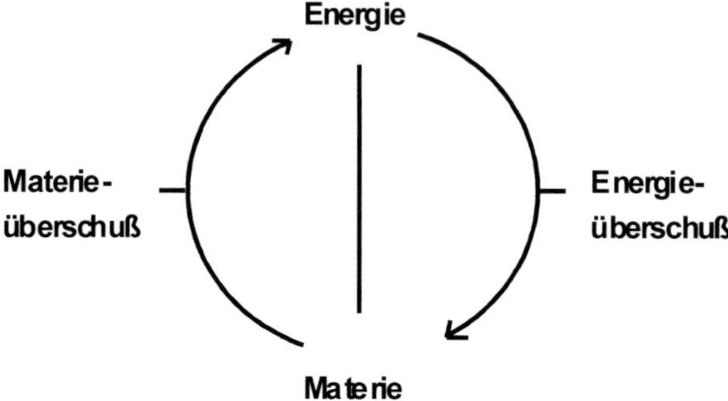

Das führt uns zu folgenden weiteren Schlußfolgerungen :

1. Im Bereich der **Quasare**, also dort, wo die Maximalgeschwindigkeit der bzw.der Scheitelpunkt der Expansion des Universums erreicht ist , herrscht ein **erheblicher Materieüberschuß**, weil die Energie des Universums bis dahin langsam aber weitgehend in Materie umgewandelt worden ist. Deshalb erfolgt dort eine spontane und sehr intensive Umwandlung der Materie in Energie **(vergl.. auch meine wissenschaftlichen Arbeiten über Galaxien und Quasare).**

2. **In den Zentren der pränatalen Galaxien (vergl. meine wissenschaftlichen Arbeiten über pränatale Galaxien und Sterne)** herrscht ein **relativer erheblicher Energieüberschuß,** weil dort überhaupt keine bzw. kaum

Materie   vorhanden ist.   Deswegen wandelt sich die Energie spontan und sehr intensiv in Materie um .

3. In den Gebieten des Universums mit **leichtem Materieüberschuß**, neigt die Materie sich in Energie umzuwandeln.   In solchen Gebieten ist es also einfacher, Materie in Energie umzuwandeln, als umgekehrt.   Wir müßten uns mit unserer **Erde** danach eigentlich in einem solchen Gebiet des Universums befinden, da die obige Feststellung für die Verhältnisse auf unserer Erde zutreffend ist .

4. In den Gebieten des Universums mit einem **leichten Energieüberschuß** neigt die Energie sich in Materie umzuwandeln, also es ist dort leichter , Energie in Materie umzuwandeln als umgekehrt, also ganz im Gegenteil zu den hiesigen Verhältnissen hier auf der Erde.

Verschiedene Intensitäten der Energieabgabe und –aufnahmen :

Wenn Kohle oder Öl verbrannt wird , also sich mit Sauerstoff verbindet , so wird durch diese **chemische Reaktion** Energie frei .

Bei der **Kernspaltung bzw. -fusion** wird ebenfalls nur ein kleiner Bruchteil der Materie in Energie umgewandelt, trotzdem werden dabei gigantische Energiemengen frei (denke man z.B. an die Atombombe).

Wenn es möglich wäre, **die gesamte Materie in Energie umzuwandeln**, so wäre die frei werdende Energie unvorstellbar groß. Das ist m.E. in den **Quasaren** der Fall. Um welche gigantische Energiemengen es sich dabei handelt, wird einem vielleicht besser bewußt, wenn man an die Formel E= m c ² denkt (c= 300 000 Km / s).

Es gibt also verschiedene Intensitäten der Energiefreisetzung. Genauso ist es aber auch mit der Energieaufnahme, also wenn Energie in Masse umgewandelt wird.

Dualismus des Lichtes und der elektromagnetischen Wellen:

Sämtliche Fundamente und sämtliche fundamentale Erscheinungen des Universums besitzen ein gemeinsames Merkmal:
Sie zeigen ein **paradoxes Phänomen**. Sie sind z.B. gleichzeitig endlich und unendlich (wie eine Kugel) usw., so daß wir im allgemeinen feststellen können:
Jedesmal, wenn wir ein paradoxes Phänomen entdecken, kommen wir dem Geheimnis der Natur bzw., des Universums ein Stück näher. Genauso Ist es mit dem Licht und den übrigen elektromagnetischen Wellen. Sie sind gleichzeitig nichts (Materielles) aber gleichzeitig auch etwas. Das Licht ist z.B. gequantelt d.h. in kleinen Bündeln verpackt, hat also **materielle Eigenschaften**, besitzt aber **gleichzeitig auch Welleneigenschaften** z.B. zeigt das Interferenzphänomen. Das kann z.B. sehr gut beim Licht untersucht werden, das einerseits den photoelektrischen Effekt zeigt (was auf Quantelung hinweist) und gleichzeitig das Interferenzphänomen (was für Wellen typisch ist).
Das ist der Dualismus des Lichtes bzw. der elektromagnetischen Wellen.

Im Rahmen dieses Buches können wir leider nur auf dieses Phänomen hinweisen , jedoch darauf nicht ausführlicher eingehen. Deswegen wird wegen einer ausführlicheren Darstellung und Lösung dieses Phänomens auf **meine diesbezügliche wissenschaftliche Arbeit** und auf **mein Buch „ Geheimnisse des Universums „,** das in Vorbereitung ist , verwiesen.

Wechselwirkungen der Energie (Energieabgabe und -aufnahme):
Bei den Wechselwirkungen der Energie ist zu unterscheiden zwischen:

1. **Wechselwirkungen zwischen ähnlich großen Energiebeträgen**: Diese Wechselwirkungen sind uns aus unserem Alltag gut bekannt. energiereichere Medien geben ihre Energie an energieärmere Medien ab. Unsere Heizungen erwärmen deshalb unsere Wohnungen im Winter; deswegen wird auch der Kochtopf auf der Kochplatte heiß. Wir können also festhalten:
Energiereichere Medien geben ihre Energie an energieärmere ab.

und

2. **Wechselwirkungen zwischen weit ungleich großen Energiezuständen** : Hier verfügt das eine Medium über gigantische astronomische Energiebeträge, die hier auf unserer Erde nicht vorkommen bzw. z. Zeit noch nicht erzeugt werden können, aber in einigen Gebieten des Universums durchaus vorkommen, z.B. in Quasaren und Supergravitationen . Hier ist m.E. die Wechselwirkung

umgekehrt, da hier sich die **Gravitationswirkung** der starken Energiequelle bemerkbar macht **Das starke Energiemedium entzieht dem schwächeren Energie.**

Deswegen verlieren Energieteilchen, im Bereich starker Gravitationen ihre Energie, werden also energieärmer und zeigen deshalb auch eine Rotverschiebung. **Das ist auch m.E. die Erklärung, weshalb die Energie, die wir hier auf der Erde erzeugen, schneller wieder verloren geht, weil die weit ungleich stärkere Energiequelle Erde, samt ihrer starken Gravitation, die erzeugte Energie schnell an sich reißt.** Deswegen wird die Glühbirne nach der Stromabschaltung schnell kalt , genauso wie die Kochplatte und die Heizung nach der Abschaltung des Stromes rasch kalt werden.
Für diese uns bekannten und als selbstverständlich angenommenen Erscheinungen gab es bisher keine plausible Erklärung und es lohnt sich deshalb, über diese Sachen etwas nachzudenken.

Die immense Bedeutung , Wichtigkeit und Rolle der Energie:

Energie ist das Primäre und Dominierende und spielt im Universum eine immense und universelle Rolle. Sie beherrscht und beeinflußt das ganze Universum, ja das ganze Universum ist sogar aus ihr geboren und erzeugt. Ihre Handlungsweise wird bestimmt durch die Sätze meiner energetischen Relativitätstheorie (vergl. meine diesbezügliche Theorie und mein Buch „Geheimnisse des Universums „ .

Sie beeinflußt Raum, Zeit und Masse und läßt gar Zeit und Raum manifest werden.

Wenn wir hier auf unserem Heimatplaneten Erde von Energie, Energieerzeugung und Energiekrise reden, wenn wir uns vor Augen halten, daß ohne Energie unsere Wohnungen und Straßen nachts dunkel wären, kein Kochen möglich wäre und kein Autofahren, so wird uns zwar die immense Rolle der Energie hier auf der Erde bewußt, das wäre jedoch fast ohne Bedeutung im Vergleich zu der Rolle der Energie im Universum.

Ohne Energie wäre tatsächlich überhaupt nichts vorhanden. Nicht nur in den Kinderstuben des Universums entstand Masse aus Energie, sie entsteht vielmehr auch jetzt noch laufend hier und da im Universum , und dieser Prozeß wird sich auch in der Zukunft fortsetzen.

Schauen wir uns einmal unsere materielle Welt in unserer Umgebung etwas genauer an: **Die gesamte Materie unserer Welt besteht aus Energie** : Häuser, Straßen, Wasser, Pflanzen , Tiere, sogar wir Menschen; ferner unsere Sonne und das ganze Sonnensystem, die anderen Sterne und Galaxien. Sie sind alle aus Materiewellen aufgebaut und werden bei Zerlegen in Atome, Elementarteilchen und schließlich in Energie übergehen. Wer daran zweifelt , möge an die Atombombe von Hiroschima denken und möge sich vergegenwärtigen, daß sich dabei nicht einmal die gesamte Masse der Bombe in Energie umwandelte, sondern nur ein Bruchteil derselben.

Bei einer Wasserstoffbombe z.B. entstehen aus

4 Wasserstoffkernen 1 Heliumkern, der jedoch um 1/loo leichter ist als die 4 Wasserstoffkerne zusammen und genau diese 1/loo Masse wird nach der Formel E= m c ^{2} in Energie umgewandelt. **Das ist das ganze Geheimnis der Wasserstoffbombe.**

Kapitel 9

MATERIE

Energie spielt im Universum. eine dominierende Rolle. Am Anfang bestand alles aus Energie, die sich später teilweise in Materie umwandelte. Irgendwann wird sich die gesamte Materie wieder in Energie umwandeln , und das ganze wiederholt sich unendlich oft von neuem. Das ist ein perfektes Spiel. Nur der Sinn bleibt verborgen .

Die Materie ist eingefrorene Energie und somit auch im weitesten Sinne eigentlich eine Art der Energie . Zum besseren Verständnis kann man sagen, Materie ist Energie in einem neuen Kleid bzw. mit einer neuen Maske . Wir wissen , daß die Energie sich in Materie umwandeln kann, genauso wie umgekehrt die Materie in Energie umgewandelt werden kann. Für beide Vorgänge sind allerdings besondere Umstände (z.B. geeignete Temperaturen) erforderlich.
Dies kann man folgendermaßen darstellen:

$$E \rightleftharpoons M$$

Welche gewaltige Mengen an Energie in der Materie ruhen, wird uns klar, z.B. wenn wir an eine Atombombe denken und uns klar machen. daß dabei sich nur minimale Mengen der Materie in Energie umwandelt .

Es war der Physiker de Broglie, der im Jahre 1924 die Theorie entwickelte daß auch **die Materie aus Wellen (Materiewellen)** besteht , analog etwa zu Lichtwellen . Zugegeben ist es schwer, sich vorzustellen, wie das konkret aussehen soll. An den Tatsachen ändert sich aber dabei nichts.

Die Materie ist vereinfacht dargestellt folgendermaßen aufgebaut :

**Mehrere Materiewellen bilden zusammen ein Quark .
Auch ein Lepton wird aus Materiewellen gebildet :**

Einige Materiewellen = 1 Quark oder 1 Lepton   (1)

Leptonen sind z.B. Elektronen , oder Neutrinos

3 Quarks bilden zusammen ein Elementarteilchen der Atomkerne :

3 Quarks = 1 Elementarteilchen der Atomkerne (Proton oder Neutron)   (2)

Es sind bis jetzt **6 Quarks** (Up, Down,Charm, Strange,Top und Bottom) **mit jeweils 3 verschiedenen Formen bzw. Farben rot, grün und blau (also insgesamt 18) und 6 Leptonen entdeckt worden.**

Meines Erachtens ist die äußerst wichtige Voraussetzung für die Stabilität der Elementarteilchen die richtige Wellenzahl, damit Resonanzbedingungen entstehen bzw. eine Resonanz entsteht ,und die Materie damit lange existieren kann, und nicht sofort wieder zerfällt.

Einige Elementarteilchen ,wie die Mesonen und Hyperonen, sind deswegen sehr labil und können kaum lange existieren, weil sie wegen der unglücklichen Kombination der Zahl der Wellen, keine Resonanz bilden und deswegen sehr schnell zerfallen.

Aus demselben Grund haben sie auch keine praktische Bedeutung als Bausteine unserer materiellen Welt.

Andere Elementarteilchen, wie die Elektronen, Protonen und Neutronen, haben die richtigen Wellenzahlen , die zur Resonanzbildung erforderlich ist, und sind auch deswegen stabil, so daß fast unsere ganze Materie aus ihnen aufgebaut ist.

Mehrere Elementarteilchen können sich zusammen zu einem Atom vereinigen:

Einige   passende (d.h. z.B. ein bzw. mehrere Protonen + evt.   Neutronen + ein bis mehrere Elektronen   ) Elementarteilchen = 1 Atom   (3)

Aus mehreren Atomen entsteht 1 Molekül,.

Einige Atome = 1 Molekül   (4)

Unsere gesamte Materie ist schließlich aufgebaut aus Atomen und Molekülen:

Einige Atome bzw.   Moleküle = unsere materielle Welt (5)

Die Materie zeigt ein   paradoxes Phänomen , d.h. ein **Dualismus : Sie hat materielle aber gleichzeitig auch Welleneigenschaften**

Auch das Licht und die übrigen elektromagnetischen Wellen zeigen einen **Dualismus** .

Der Unterschied zwischen der Materie und den elektromagnetischen Wellen besteht u.a. darin, **daß es sich bei der Materie um <u>geschlossene</u> Wellen handelt**, die sich im Resonanzzustand befinden ; deswegen ist sie fest, stabil und beständig und breitet sich nicht aus, **während die elektromagnetischen Wellen aus <u>offenen</u> Wellen bestehen**, und deswegen sich ausbreiten können und flüchtig sind.

Die Elementarteilchen zeigen ferner die sogenannte **Heisenbergsche Unschärferelation** .

Sehr einfach ausgedrückt besagt sie, daß , wenn man den **Impuls** eines Teilchens exakt bestimmen will, die **Position** des Teilchens **unscharf** wird und **umgekehrt**, wenn man die Position des Teilchens genau festzulegen versucht, der Impuls unscharf wird.

Diese äußerst faszinierenden Phänomene können jedoch im Rahmen dieses Buches hier nur kurz gestreift werden.
Wegen wesentlich ausführlicherer Darstellung dieser faszinierenden Phänomene wird deshalb verweisen auf **meine wissenschaftlichen Arbeiten „ die Deutung des Quantenphänomens und der Heisenbergschen Unschärferelation, „ Die Deutung des Dualismus des Lichtes und der elektromagnetischen Wellen „ und auf mein Buch „Revolution der Physik und Astronomie“ .**

Wie entstand überhaupt die Materie und das ganze Universum?

Auf diese interessante Thematik kann ich leider hier nicht eingehen , da sonst der Rahmen diese Buches völlig gesprengt würde . Für alle diejenigen , die sich dafür näher interessieren ,möchte ich hier darauf hinweisen , daß die Entstehung des Universums Gegenstand meiner **DPNS-Theorie** ist , die sich sehr ausführlich damit befasst und so gut wir keine Fragen offen lässt , ferner Gegenstand **meines Buches   „ Das Geheimnis der Entstehung des Universums , meine DPNS-Theorie „.**

Wegen der Entstehung der Materie wird ferner verwiesen auf **meine wissenschaftliche Arbeit „Pränatale Galaxie- und Sternentwicklung bzw. Entstehung der Materie im Universum".**

Kapitel 10

Energie und Materie

Weshalb führen die im Universum vorhandenen riesengroße Energiemengen und Gravitationen nicht zu massiven Katastrophen ,Entgleisungen und zum Chaos?

Materie ist eingefrorene Energie , und somit praktisch eine **andere Erscheinungsform** der Energie .
Energie ist bekanntlich sehr **flüchtig** und hat **enorme Wirkungen**, denken wir z.B. an die große Hitzewirkung oder an starke Strahlungen ,die unvorstellbar groß werden und verheerenden Folgen haben können , wie z.B. bei einer Atombombe .

Deswegen ist in der Natur unbedingt erforderlich, daß große Energiemengen eingebunden bzw. konserviert werden . Das geschieht in der Natur durch Umwandlung der Energie in Materie . Dadurch wir die .Energie praktisch auf unbestimmte Dauer **konserviert** , gleichzeitig aber **neutralisiert** und sozusagen in kleinen Paketen **konzentriert** und eingepackt. Aus offenen Wellen entstehen dabei geschlossene Materiewellen . Dadurch werden enorm

72

große Kräfte **gebunden** und gezügelt. Dadurch verhindert die Natur gleichzeitig Katastrophen durch sehr starke Energiewirkungen .
Die so eingefrorene Energie kann natürlich jederzeit wieder in Energie umgewandelt und ihre große Wirkungen wieder entfalten.

Im Rahmen **meiner wissenschaftlichen Arbeiten über Gravitation** konnte ich zeigen , daß auch die **Gravitation** in der Materie in eingefrorener minimalisierter Form vorliegt und bei der Umwandlung der Materie in Energie wieder in ursprüngliche erheblich stärkere Form zutage tritt.
Deswegen ist auch die äußerst starke Gravitationswirkung der Energie in Materie eingefroren und somit auf Zeit teilweise neutralisiert, damit Entgleisungen ausbleiben.

Wie geschehen in der Natur solche Umwandlungen ?

Auf die fundamentale Rolle der **Galaxien bei der Materienentstehung aus Energie** habe ich bereits im Rahmen meiner wissenschaftlichen Arbeiten über Galaxien ausführlich hingewiesen , weswegen hiermit darauf verwiesen wird.

Wann, wie und weswegen in den einzelnen Phasen der Expansion und Kontraktion des **Universums die Energie sich im Materie bzw. Antimaterie umwandelt und umgekehrt** ,habe ich ebenfalls sehr ausführlich im Rahmen meiner **DPNS-Theorie** der Entstehung des Universums bzw. der Schöpfung beschrieben (s. **mein Buch „ Das Geheimnis der Entstehung des Universums, meine**

DPNS-Theorie") und möchte deswegen hiermit ebenfalls darauf verweisen .

Die örtlichen Umwandlungen der Energie in Masse und umgekehrt , gehen meines Erachtens in sehr einfacher und logischer Form vor sich.
Wo Energie in großem Überschuß vorhanden ist , wandelt sie sich spontan in Materie um, und wo Materie in sehr großem Überschuß vorliegt, wandelt sich die Materie spontan in Energie um, ähnlich wie bei dem **Massenwirkungsgesetz** in der Chemie, die nur von der Konzentration abhängig ist. Meines Erachtens sind die Sachen in der Natur sehr einfach konzipiert, sie werden nur durch Menschen schwerer gemacht bzw. schwerer gedacht .

Die Verhältnisse sind draußen im Universum keineswegs identisch mit den Bedingungen auf unserer Erde bzw. in unserem Labor. Deswegen sind auch die Ergebnisse nicht ohne weiteres miteinander vergleichbar. Z.B. so enorme Energiekonzentrationen sind auf unserer Erde oder gar in unserem Labor erst gar nicht vorstellbar.

Auch und insbesondere deswegen ist es im Universum ganz unerläßlich, daß die enorme große Energien gebunden werden, da sie sonst zu massiven Entgleisungen und zum totalen Chaos führen würden, und zwar nicht nur etwa durch ähnlich Eigenschaften, die wir auf der Erde als Energie kennen, wie Hitze oder Strahlung, sondern durch massive zusätzliche Gravitationen, die sonst das ganze Gefüge des Universums in Chaos stürzen würde. (vergl. diesbezüglich auch Kapitel 6).

Deswegen gehört dieses bisher unentdeckte Prinzip zu den Grundprinzipien der Natur , und sorgt schonend

dafür, daß freie Energie im Universum nur in dosierten Mengen vorliegt   damit sie keine Entgleisungen auslösen kann ,und nur soviel frei gesetzt wird , wie nötig.

Solche allgemein **nach beiden Seiten laufenden Prozesse** sind im übrigen in der Natur sehr verbreitet , z.B. auf dem Gebiet der **Chemie und Physik**, jedoch selbstverständlich in ähnlicher Form . Zum Beispiel viele chemische Reaktionen sind konzentrationsabhängig und laufen je nach der Konzentration nach der einen oder anderen Richtung.
Auch die **Osmose** und die **Diffusionsvorgänge** sind **konzentrationsabhängig** und können somit je nach den jeweiligen Konzentrationen nach der einen oder anderen Seite laufen.

Kapitel 11

ZEIT

Jeder von uns glaubt zu wissen, was Zeit ist, doch wir kommen gehörig in Verlegenheit, wenn wir sie definieren sollten .
Daß die Zeit relativ ist, ist den meisten von uns bekannt, aber die Begriffe subjektive , objektive oder gar absolute Zeit sind neu.

Einleitung : Die Zeit gehört zu den faszinierendsten Phänomenen unseres Universums. Deswegen war sie auch Gegenstand wissenschaftlicher Widmungen unserer großen Denker der Vergangenheit und Gegenwart.

So definiert **Aristoteles** die Zeit als die Zahl der Bewegungen im Sinne von früher und später und stellt somit fest, daß es ohne Bewegung keine Zeit geben kann.

Der Philosoph **Heidegger** behauptete, daß eine ursprüngliche Zeit existieren würde, die sich zwar unseres Alltags und Bewußtseins entziehen würde; sie sei jedoch der Sinn von Sein, und unsere Zeit wäre davon abgeleitet.

Es war der Philosoph **Kant**, der meinte, daß Zeit und Raum weder Dinge, noch Vorgänge, noch Realität wären ;sie würden vielmehr unserer Erkenntnisstruktur angehören. Ebenfalls war es Kant, der behauptete, daß die Bewohner von Jupiter in 5 Stunden daßelbe verrichten könnten, wie die Menschen auf der Erde in 12 Stunden.

Von **Augustinus** stammt folgende Feststellung : Wenn mich jemand danach fragt, was die Zeit ist, dann weiß ich es; soll ich es aber einem Frager klarmachen, dann weiß ich es nicht. Trotzdem aber behaupte ich, ich wüßte , daß es keine Vergangenheit gäbe, wenn die Zukunft nicht abliefe, und keine Zukunft, wenn nichts herankäme, und keine Gegenwart, wenn nichts gegenwärtig wäre. Solche Definitionen, wie die letzte, machen jedoch die Sache unnötig schwerer, als sie ist.

Wenn wir die Literatur umwälzen und. weiter suchen, so werden wir sicherlich auch weitere Definitionen der Zeit finden, keine von ihnen wird jedoch einer kritischen Untersuchung standhalten .

Wenn Sie nun versuchen in einem **Physikbuch** nachzusehen, wie die Zeit definiert wird - **Fehlanzeige** - sie werden meistens vergeblich danach suchen.

Diejenige Definition, die der Sache am nächsten kommt, ist m.E. , nach so vielen Jahren, immer noch die Definition von

Aristoteles, obwohl auch sie nicht der Sache voll gerecht wird.

Wenn wir die obigen Zeilen aufmerksam gelesen haben, so werden wir festgestellt haben, daß Aristoteles Bewegung in den Mittelpunkt der Zeitdefinition stellt. Ohne Bewegung keine Zeit. Das trifft m.E. aber nicht zu. Es ist zwar richtig, daß bei einer Bewegung immer Zeit abläuft, aber keineswegs umgekehrt. Wenn keine Bewegung abläuft, so kann trotzdem Zeit ablaufen. Wenn es in einem hellen Raum plötzlich dunkel wird, wenn es einem kalt oder warm wird, wenn jemand stirbt, wenn ein Stein verwittert, wenn etwas seine Farbe ändert, wenn man etwas hört, dann kann man immer sagen, vorher (Vergangenheit) war es so und jetzt   (Gegenwart) ist es so, es ist also immer Zeit abgelaufen, obwohl sich dabei nichts bewegt hat. Die Fortsetzung dieses Gedankengangs führt nun zu **meiner** nachfolgenden Definition der Zeit :

Die Zeit ist die Dauer eines Vorganges (z.B. die Dauer einer Schwingung , einer Bewegung , einer Umdrehung, einer Pendelbewegung, einer Pulsation oder einer Änderung , wobei das Wort Änderung hier ganz allgemein verstanden werden muß und kann sich beziehen z.B. auch auf Ortswechsel (= Bewegung), Formänderung , Äderung der Größe u Farbe, Teilung, Wachsen, Altern , Geburt, Tod usw. Wenn ein Gegenstand sich von Punkt A bis Punkt B bewegt, ist Zeit abgelaufen, genauso wie wenn eine Welle sich fortbewegt. Wenn ein Stein verwittert ist, ist ebenso Zeit abgelaufen, oder auch bei radioaktivem Zerfall. Wenn die Sonne aufgeht, wenn es in einem Raum plötzlich heller wird, wenn die Stille plötzlich durch ein Geräusch unterbrochen wird, wenn die Bäume blühen und die Pflanzen

wachsen, wenn es Frühling wird und wenn es warm wird,
wenn es regnet und wenn es schneit, wenn. jemand lacht
oder weint, usw

**Definitionsgemäß geht die Zeit schneller, wenn in einem
Ort bzw. Bereich   die   meisten   Vorgänge   bzw.
Phänomene und Abläufe, (** physikalische, chemische ,
biologische Vorgänge usw). **schneller laufen,   und   die
Zeit geht langsamer, wenn in einem Ort bzw. Bereich die
meisten   Vorgänge   bzw.   Phänomene   und   Abläufe
langsamer   laufen   .** (s.   meine   energetischen
Relativitätstheorie).

**Und wenn die Zeit schließlich fast stehen bleibt , laufen
die meisten Phänomene bzw. Vorgänge   und Abläufe
dermaßen   langsam   ,   daß   sie   fast   zum   Stillstand
kommen, d.h. es geschieht dort fast gar nichts mehr .**

Die Zeit kann langsamer und schneller gehen.
Früher war u.a. die Zeit als absolut angesehen worden.
Durch meine energetische   Relativitätstheorie konnte ich
sehr ausführlich zeigen , daß insbesondere hohe Energien
die Zeit stark beeinflussen , sodaß sie sehr stark **relativ** wird.
Diesbezüglich wird deshalb auf Kapitel 10   dieses Buches
verwiesen .

Die Zeit wird gemessen durch **Uhren**, wovon es bekanntlich
verschiedene   Arten   gibt.   Wir   kennen   z.B. Opas
Pendeluhren , Federuhren mit Unruh, Quarzuhren, und
elektrische Uhren.   Die Zeit wird jedoch am genauesten

gemessen durch **Atomuhren**, die auf Schwingungen der Cäsium- Atome beruhen.

Die Zeiteinheit ist Sekunde, die international definiert ist, als die 9192631770-fache Periodendauer der Mikrowellenstrahlung der Cäsium-133-Atome ,die dem Übergang zwischen den beiden Hyperfeinstrukturniveaus des Grundzustandes entspricht.

Wenn die Zeit langsamer geht, so müssen die Atomuhren auch langsamer laufen, und wenn die Zeit schneller geht , so müssen sie auch schneller laufen.
Es gibt auch **" biologische Uhren",** deren Verhalten letzten Endes auf interatomare und intermolekulare Vorgänge bzw. Stoffwechselvorgänge beruhen.
Sie können auch langsamer oder schneller gehen, je nachdem wie schnell die Stoffwechselvorgänge verlaufen. Unser Zeitempfinden hängt davon ab, wie schnell bzw. wie langsam diese Vorgänge verlaufen.

Wir wollen nun untersuchen, was für Phänomene wir beobachten würden, wenn die Zeit langsamer oder schneller gehen würde.

Stellen wir uns vor, wir könnten durch ein Teleskop Menschen auf einem anderen sehr weit entfernten Planeten in einer anderen Galaxie beobachten, **wo die Zeit langsamer geht als bei uns.** Wir würden dabei feststellen, daß dort sich alles langsamer ändert als bei uns, einschließlich sämtlicher Bewegungen. Sie würden z.B. langsamer gehen, laufen, essen, sprechen, lachen usw.

Wenn sie in ihrem Zimmer Licht machen würden, so würde es langsam hell werden, wenn sie sich schämen wurden, so würden sie langsamer erröten usw. Wenn wir die Herztöne von ihnen hier hören könnten, so wurden wir feststellen, daß ihre Herzen wesentlich langsamer klopfen würden, als unsere Herzen. Auch Ihre Uhren würden langsamer gehen. Diese Menschen. auf dem anderen Planeten würden aber gar nicht merken, daß ihre Zeit langsamer geht, sie würden vielmehr ihre Zeit und ihre Bewegungen für ganz normal halten und würden unsere Zeit und Bewegungen für zu schnell halten. Wenn sie uns das Licht ihres Scheinwerfers zeigen würden, so würden wir es rötlich sehen, da auch ihre Lichtwellen langsamer schwingen würden, was gleichbedeutend wäre, mit einer größeren Wellenlänge und einer **Rotverschiebung** .

Umgekehrt, wenn wir durch unser Teleskop Menschen und Vorgänge auf einem anderen Planeten beobachten könnten, **wo die Zeit schneller geht**, so würden wir feststellen, daß dort alles schneller vor sich geht und sich schneller ändert, als bei u*ns.* Die entsprechenden Spektren des Lichtes würden dann eine Blaufärbung bzw. eine **Blauverschiebung** zeigen.

Es ist von fundamentaler Bedeutung zu unterscheiden, zwischen der subjektiven und der objektiven Zeit :.

1. Subjektive Zeit : ist praktisch unser Zeitempfinden .

Genauso wie wir in der Lage sind zu. sehen, zu hören oder etwas zu empfinden, sind wir von Natur aus damit ausgestattet, Zeit zu empfinden.   Auch wenn wir uns in einem dunklen Raum befinden, der von der Außenwelt völlig abgeschnitten ist, und wo uns die Informationen vorenthalten würden, wann Tag und wann Nacht ist, und wo auch keine Uhr vorhanden ist, wären wir durchaus in der Lage, den Zeitablauf ziemlich genau zu empfinden.   Solche Versuche sind übrigens auch tatsächlich durchgeführt worden und bestätigen diese Darstellung .

Es mag dabei überraschend sein, **daß unser Zeitempfinden im Laufe des Lebens <u>nicht</u> etwa gleich bleibt.**
Z.B. für ein Kind geht die Zeit subjektiv wesentlich langsamer. Die Kinder sprechen wesentlich langsamer , bewegen sich langsamer und agieren überhaupt langsamer als Erwachsene . Dies ist alles bezeichnend für ein subjektiv langsameres Empfinden des Zeitablaufs.
Im Laufe des Lebens geht die subjektive Zeit immer schneller und **wenn wir alt sind, fängt die Zeit für uns allmählich an zu rasen.**

Ich kann es mir auch gut vorstellen, daß die Zeit im Laufe der Geschichte subjektiv nicht gleichmäßig gelaufen ist. Frühere Menschen z.B. hatten mehr Muße und waren   ruhiger. In unserem   technisierten und gestreßten Zeitalter geht die Zeit wahrscheinlich schneller.

Auch unabhängig vom Alter geht die Zeit für uns manchmal langsamer und zeitweise schneller, z.B. je nachdem in welcher **Verfassung** wir uns befinden. Wenn wir uns z.B. langweilen, geht die Zeit für uns langsamer.

Auch durch einige Krankheiten ändert sich unser Zeitempfinden. Ein Depressiver empfindet z.B. die Zeit wesentlich **langsamer** und bei manischen Zuständen geht die Zeit subjektiv erheblich **schneller**.

2. Objektive Zeit :   Anders als die subjektive Zeit, ist die objektive Zeit für uns alle gleich, unabhängig vom Alter, Verfassung usw. **Die objektive Zeit wird gemessen durch Uhren.**

Im Laufe der Geschichte hat man bekanntlich die Zeit systematisiert und eingeteilt in Sekunden, Minuten, Stunden, Tagen, Wochen, Monaten und Jahren usw.   und man ist dabei von der Umlaufzeit der Erde um die Sonne und von der Umdrehungsdauer der Erde um ihre Achse ausgegangen. **Diese objektive Zeit ist sogar hier auf unserem Heimatplaneten Erde nicht ganz konstant** , zeigt aber **nur geringe Schwankungen** (vergl. Auch Kapitel 10) , **im Gegensatz zu einigen anderen Orten im Universum, wo diese Schwankungen nach beiden Seiten gewaltig sein können** .
In verschiedenen Gebieten des Universums und sogar auch in verschiedenen Orten desselben Gebietes geht z.B. die Zeit wesentlich langsamer als bei uns .

Wir sehen also, daß auch die objektive Zeit nicht überall im Universum gültig ist ; sie ist vielmehr sehr relativ. Es gibt also im Universum zwar viele objektive, aber trotzdem relative Zeiten. **Es gibt aber auch eine absolute Zeit.**

Deswegen ist zu unterscheiden zwischen der **absoluten und relativen Zeit:**

1. Absolute Zeit (AU-Zeit) : **Das ist die Zeit des Universums** . Am Anfang der Expansionsphase des Universums , also sozusagen bei der Geburt des Universums, steht die Zeit bei 0 und fängt an zu laufen. Am Ende der Expansionsphase bzw. am Anfang der Kontraktionsphase fängt die Zeit, nach kurzem Stillstand wieder an zu laufen, jedoch in umgekehrter Richtung (näheres s. **meine DPNS-Theorie des Universums** bzw. der Schöpfung und **mein Buch „ Das Geheimnis der Entstehung des Universums "** .

Wie wir gesehen haben, nennen wir diese Zeit zwar absolut, aber auch sie ist nicht konstant.

2 . Relative Zeit: Das sind die Zeiten in verschiedenen Gebieten des Universums und auch in verschiedenen Orten desselben Gebietes des Universums (wie z.B. in verschiedenen Gebieten der Erde). Diese Zeit könnte erheblich von der absoluten Zeit abweichen, und zwar je nach ihrer Lokalisation im Universum .

Doch auf diese faszinierenden Phänomene werde ich im Kapitel 12 im Rahmen **meiner energetischen Relativitätstheorie** näher eingehen. Ferner wird verwiesen auf **meine Bücher „Das Geheimnis der Entstehung des Universums „ und „Geheimnisse des Universums"** .

Kapitel 12

Meine

energetische Relativitätstheorie

Energie , Zeit, Raum und Masse gehören zu den faszinierendsten Phänomenen unseres Universums.

Deswegen haben sich schon viele Philosophen und auch andere Wissenschaftler mit diesen Erscheinungen beschäftigt , ohne jedoch das ganze Geheimnis enträtseln zu können.

So behauptete der Philosoph **Heidegger**, daß eine ursprüngliche Zeit existieren würde, die sich zwar unseres Alltags und Bewußtseins entziehen würde ; sie sei jedoch der Sinn von Sein , und unsere Zeit davon abgeleitet .

Der Philosoph **Kant** meinte, daß Zeit und Raum weder Dinge ,noch Vorgänge, noch Realität wären ; sie würden vielmehr unserer Erkenntnisstruktur angehören . Es war ebenfalls Kant, der behauptete, daß die Bewohner von Jupiter in 5 Stunden daßelbe verrichten könnten wie die Menschen auf der Erde in 12 Stunden.

Energie , Zeit, Raum und Masse sind die 4 Grundpfeiler des Universums und gehören gleichzeitig zu den faszinierendsten Phänomenen unserer Welt . Sie kommen einem aber im ersten Augenblick so abstrakt vor, daß man zunächst mit Ihnen nichts anfangen kann, und scheinen jede Relation zueinander zu vermissen.

Tatsächlich sind sie aber 4 voneinander abhängige Phänomene, die sich gegenseitig bedingen und unmittelbar zusammenhängen , wobei das Primäre die Energie ist, während die Zeit , der Raum und die Masse die sekundären Größen darstellen.

Ohne Energie bzw. Masse gibt es keinen Raum (als Unterbringungsort) und keine Zeit, ohne Energie und Raum gibt es keine Zeit, da sonst der Manifestationsort und die motivierende Energie der Zeit fehlen würden, ohne Zeit wäre die Energie nicht existent bzw. tot.

Die Gesetzmäßigkeiten zwischen Energie, Zeit , Raum und Masse werden bestimmt durch meine energetische Relativitäts-Theorie.

Wir können aber diese Theorie nur verstehen, wenn wir uns davon loslösen, alles in der Welt als absolut anzusehen und uns damit vertraut machen, daß in der Welt sehr vieles relativ ist, was wir bis jetzt als absolut angesehen haben.

Es ist wahrscheinlich menschlich, die Erde und uns Menschen als Mittelpunkt zu betrachten und die physikalischen Erscheinungen, die auf der Erde normalerweise vorkommen, als absolut für die gesamte Welt anzusehen. Tatsächlich ist es aber nicht so.

Wenn man bedenkt, wie groß das Universum mit den vielen Galaxien, Sonnen und anderen Himmelskörpern ist, und daß die Erde mit den ganzen Menschen darauf nur einen sehr winzigen Teil des Universums darstellt, wird man vielleicht angeregt, über diese Sachen nachzudenken.

Weitere Voraussetzung für das bessere Verständnis meiner energetischen Relativitätstheorie sind die Lektüre der vorigen Kapitel 6 ,7 ,8 und 9 dieses Buches über Energie, Zeit , Raum und Materie. Wegen der Wichtigkeit der Zeitphänomene wird in diesem Kapitel zur Gedächtnisauffrischung nochmals kurz auf einige Zeitphänomene näher eingegangen.

Ferner ist es wichtig , daß wir uns klar machen, daß es sich bei den hier in Frage kommenden Energiebeträgen, um astronomische, d.h. enorm große Energiemengen handelt, die hier auf unserer Erde kaum erzielbar sind.

Die Zeit ist die Dauer eines Vorganges (z.B. die Dauer einer Schwingung ,einer Bewegung , einer Umdrehung, einer Pendelbewegung, einer Pulsation usw.) . Die Zeit wird auf unserer Erde bekanntlich gemessen durch Uhren, wovon es verschiedene Arten gibt. Wir kennen z.B. Opas

Pendeluhren, Federuhren mit Unruh , Quarzuhren und elektrische Uhren. Die Zeit wird jedoch am genauesten gemessen durch Atomuhren, die auf Schwingungen der Cäsium-Atome beruhen.

Alle diese Uhren haben jedoch ihre spezifischen Probleme und Unzulänglichkeiten und sind keineswegs perfekt und überall einsetzbar. **Sie werden ferner bei extremen Bedingungen entweder funktionsunfähig oder werden zerstört , sodaß sie für die Messung der Zeit bei den hier meist infrage kommenden Extrembedingungen nicht geeignet sind.**

Es gibt auch " biologische Uhren " ,deren Verhalten letzten Endes auf intermolekularen Vorgängen bzw. Stoffwechselvorgängen beruhen. Auch sie können selbstverständlich langsamer oder schneller gehen , je nachdem wie schnell die Stoffwechselvorgänge verlaufen.

Unser Zeitempfinden hängt im wesentlichen davon ab, wie schnell bzw. wie langsam diese Vorgänge verlaufen .

Die **Zeiteinheit** ist Sekunde, die international definiert ist, als die 9192631770-fache Periodendauer der Mikrowellenstrahlung der Cäsium-133-Atome ,die dem Übergang zwischen den beiden Hyperfeinstrukturniveaus des Grundzustandes entspricht.

Wir wollen nun untersuchen, was für Phänomene wir beobachten würden, wenn die Zeit langsamer oder schneller gehen würde. Stellen wir uns vor, wir könnten durch ein Teleskop Menschen auf einem anderen sehr weit entfernten

Planeten in einer anderen Galaxie beobachten, wo die Zeit langsamer geht , als bei uns . Wir würden dabei z.B. feststellen, daß sie sich im Vergleich zu uns sehr langsam bewegen würden. Sie würden z.B. langsam gehen , langsam laufen, essen, sprechen, lachen usw.

Wenn wir die Herztöne von ihnen hier hören könnten, so würden wir feststellen, daß ihre Herzen langsamer schlagen würden, als unsere Herzen . Diese Menschen auf dem anderen Planeten würden aber gar nicht merken, daß ihre Zeit langsamer geht, sie würden vielmehr ihre Zeit und ihre Bewegungen für ganz normal halten und würden unsere Zeit und Bewegungen für zu schnell halten. Wenn sie uns das Licht ihres Scheinwerfers zeigen würden, so würden wir es rötlich sehen, da auch ihre Lichtwellen langsamer schwingen würden, was gleichbedeutend wäre, mit einer größeren Wellenlänge und einer Rotverschiebung .

Umgekehrt, wenn wir durch unser Teleskop Menschen und Vorgänge auf einem anderen Planeten beobachten könnten, wo die Zeit schneller geht, so würden wir feststellen, daß dort umgekehrt z.B. die obigen Phänomene bzw. Vorgänge schneller gehen als bei uns . Ihr Licht würde bläulich aussehen und die entsprechenden Spektren würden dann eine Blauverschiebung zeigen.

Wir können nun das verallgemeinern und kommen zur folgenden Definition von mir:

Wenn also in einem Ort bzw. Bereich (kann äußerst klein oder auch riesengroß sein) die meisten Vorgänge bzw. Phänomene und Abläufe langsamer gehen (z.B. atomare und molekulare Schwingungen und

Bewegungen , andere Bewegungen und Schwingungen, chemische und biologische Reaktionen , usw.) , so ist das gleichbedeutend , daß **dort die Zeit langsamer geht**. Gleichzeitig tritt dabei eine **Rotverschiebung** auf. In einem solchen Ort würden wir z.B. langsamer altern und länger leben können , da auch die biologischen Reaktionen in unseren Körpern langsamer laufen würden .

Umgekehrt, wenn in einem Ort bzw. Bereich die meisten Vorgänge bzw. Phänomene und Abläufe **schneller gehen** , bedeutet das, daß **dort die Zeit schneller geht**. Es wird dann eine **Blauverschiebung** auftreten . Dort würden wir deswegen auch schneller altern und früher sterben .

Für diejenigen, die mit der Materie noch nicht ganz vertraut sind , möchte ich kurz erläutern , was eine **Blauverschiebung** und was eine **Rotverschiebung** ist, weil das für das Verständnis der Thematik unerläßlich ist . Wir kennen alle folgendes Phänomen: wenn wir am Rande einer Landstraße stehen und ein Auto von weitem kommt und an uns vorbeifährt , ändert sich für uns das Autogeräusch so, daß beim Annähern des Autos an uns das Geräusch laufend heller wird, d.h. die Schall**frequenz** laufend **höher** wird , und wenn das Auto an uns vorbei gefahren ist und sich wieder von uns entfernt, das Geräusch laufend dunkler wird d.h. die Schall**frequenz** laufend **tiefer** wird . Dieses Phänomen ist bekannt als der **Doppler-Effekt** (Der Name hat etwa mit Verdoppeln gar nichts zu tun , sondern es heißt Doppler-Effekt, weil der Entdecker dieses Phänomens Doppler hieß) .

Denselben Effekt gibt es auch beim Licht. Wenn z.B. ein Stern sich an uns annähert, wird die Lichtfrequenz höher , dies bedeutet beim Licht daß es bläulich wird , weil die blaue Lichtfarbe eine höhere Frequenz hat ,   und wenn der Stern sich von uns entfernt, erscheint sein Licht rötlich , weil die Lichtfrequenz abnimmt. Die Spektren der betreffenden Sterne verschieben sich dabei ebenfalls in Richtung blau bzw. rot . Dies wird bezeichnet als **Blauverschiebung** und **Rotverschiebung** .

Meine energetische Relativitäts-Theorie :

Die von mir entwickelte energetische Relativitätstheorie besagt, daß Energie (Temperatur, Druck, Strahlung , Gravitation , usw.) Zeit, Raum und Masse in der nachfolgend beschriebenen Art beeinflußt ,so daß sie relativ werden und nicht mehr absolut sind, wobei gleichzeitig eine Rot- bzw. Blauverschiebung der entsprechenden Spektren auftritt :

Eine enorme Erhöhung der Energie hat zur Folge, **daß meisten Vorgänge bzw. Phänomene und Abläufe (z.B. Bewegungen)** langsamer **verlaufen , weil das Medium unter dem Einfluß der enorm hohen Energie (astronomischen Energie) u.a.** dichter **wird und ferner weil die** Gravitation zunimmt **(vergl. auch meine**

wissenschaftliche Arbeit „ Verfügt die Energie auch über eine Gravitation ?") .

Das dichter werden unter dem Einfluß der Energie könnten wir uns z.B. so klarmachen:

Wir wissen , daß die Masse aus Energie besteht , und umgekehrt die Energie sich in Masse umwandeln kann (E = m c ^{2}) . In der Materie ist also eine sehr hohe Energiemenge konzentriert, die praktisch eingefroren ist. Dies bedeutet, daß bei einer enormen Erhöhung der Energie d.h. bei einer weiteren **Zufuhr** von Energie , die " freien" Energiewellen näher aneinander rücken , also immer dichter werden, und bei einer weiteren starken Energieerhöhung sich schließlich zu Materie vereinigen .

Das dichter werden und Kompression könnten wir uns auch einfach klar machen , wenn wir an Druckenergie denken .

Wir wissen außerdem , daß z. B. der Kern unserer Sonne, der hauptsächlich aus Helium und Wasserstoff (beide normalerweise bekanntlich gasförmig) besteht, wegen der dort vorhandenen hohen Energie- und insbesondere der Druckverhältnisse nicht gasförmig, sondern fest ist.

Bei den **Neutronensternen und Pulsaren**   ist die Kompression der Materie durch die Gravitationsenergie so stark , daß dadurch die Atomkerne dermaßen zusammenrücken, daß zwischen denen kaum Platz übrig bleibt für die Elektronenbahnen , **sodaß dadurch eine dermaßen enorme Dichte bzw. so ein Gewicht entsteht , daß dort ein Fingerhut der Materie ca. 100 Millionen Tonnen und auch mehr wiegt !**

Das dichter werden des Mediums bei einer Erhöhung der Energie wird ferner belegt und bewiesen durch die Experimente der Plasmaphysik .

In einem dichterem Medium verlaufen aber z. B. alle Bewegungen langsamer Z. B. gehen die Schwimmbewegungen im Wasser langsamer als in der Luft, weil das Wasser dichter ist als die Luft , oder ist uns allen bekannt, daß das Umrühren von Wasser leichter , schneller und mit weniger Kraft geht, als das Umrühren des Honigs oder der Marmelade (diese Beispiele dienen nur dazu die Sache sich besser klar zu machen bzw. sich besser vorzustellen, sind aber selbstverständlich in ihrer Natur ganz anders). In einem noch dichteren Medium und bei einer höheren Gravitation würden die Bewegungen noch langsamer vor sich gehen ,auch die Atome müssen langsamer schwingen und die elektromagnetischen Wellen einschließlich Lichtstrahlen zeigen eine Frequenzabnahme bzw. Rotverschiebung, beim Vorhandensein der adäquaten Raumgröße.

Die Zeit geht langsamer, wenn die meisten Vorgänge bzw. Phänomene und Abläufe langsamer laufen , wie wir oben gesehen haben . Deswegen bewirkt eine Energieerhöhung eine Zeitverlangsamung, wobei gleichzeitig eine Rotverschiebung auftritt. Bei einer enorm hohen kritischen Energie muß die Zeit gegen Null neigen bzw. schließlich stehen bleiben.

Auch die biologischen Reaktionen würden sich ähnlich verhalten , weil bei einer enormen Energieerhöhung auch die biologischen Prozesse und Vorgänge (Stoffwechsel, deren Geschwindigkeit letzten Endes meistens durch die Enzymreaktionen und Molekularbewegungen bestimmt wird, Herz- und Atemfrequenz usw.) langsamer verlaufen. Wir würden dann z. B, länger jung bleiben und langsamer altern. Den Lebewesen sind jedoch durch die Struktur ihrer Körpersubstanzen in der Natur Grenzen gesetzt, so daß wir diese extremen Energieverschiebungen nur theoretisch aber nicht praktisch durchmachen könnten.

Wir halten also fest: Bei einer enormen Erhöhung der Energie geht die Zeit langsamer und es entsteht eine Rotverschiebung ; die Zeit neigt gegen null, wenn die Energie fast unendlich groß wird (z.B. bei Supergravitationen) und würde schließlich stehen bleiben, wenn die Energie unendlich groß wird .

Bei einem Nachlassen der enorm hohen Energie, verhält sich die Zeit umgekehrt.

Bei einer enormen Energieerhöhung wird das Volumen der Materie kleiner d.h. es schrumpft zusammen und wird komprimiert, weil unter dem Einfluß der enorm hohen (astronomischen) Energie das Medium dichter wird und sich zusammenzieht . Deswegen schrumpft der Raum in der Umgebung

der Materie ebenfalls zusammen , d.h. die Strecken werden kürzer .

Bei einer Energieverminderung ist es umgekehrt . Das Volumen der Materie wird größer , der Raum dehnt sich aus und die Strecken werden länger .

Das obige Beispiel aus dem Gebiet der Astronomie bezüglich der Neutronensterne und Pulsare hilft uns auch dieses Phänomen besser zu verstehen ,da wie wir gesehen haben, eine norme Energiemenge (Gravitationsenergie) zu massiven Kompressionen bzw. Volumenreduzierungen der Materie führt , mit den Folgen, die bereits erwähnt worden sind.

Auch die Masse bzw. das Gewicht wird bei einer Energieerhöhung schwerer . Bei einer Energieverminderung wird die Masse leichter. Ein heißes Bügeleisen ist z.B. etwas schwerer, als ein kaltes und umgekehrt.

Der Grund liegt im übrigen keineswegs darin, daß etwa wie normalerweise behauptet wird, die Energie sich dadurch in Masse umwandelt (für die Umwandlung der Energie in Masse sind bekanntlich in der Regel erheblich höhere Temperaturen erforderlich, als das Bügeleisen in der Lage wäre zu erzeugen), sondern der Grund liegt darin, daß die Temperaturerhöhung bzw. Energiezufuhr zu einer Erhöhung der Gravitation des Bügeleisens führt , eine Tatsache, die experimentell durch Gravitationsmessung ebenfalls nachgewiesen werden kann .

Alle Energieformen verhalten sich ähnlich, mit Ausnahme der **Wärmeenergie.** (Die **Bewegungsenergie** nimmt nur insofern ebenfalls eine **Sonderstellung** ein, als sie gerichtet ist)

Es ist ferner zu beachten, daß einzelne Energieformen ineinander übergehen können. Z. B. geht Druckenergie meistens teilweise in Temperaturenergie über. Wir brauchen z.B. nur an eine Fahrradpumpe zu denken, die sich bei Kompression erwärmt .

Eine Ausnahme stellt , wie bereits erwähnt, die Wärmeenergie dar, die gleichzeitig eine Sonderstellung einnimmt. Bei einer Zunahme der Wärmeenergie (Temperaturerhöhung) geht die Zeit schneller, das Volumen der Materie wird größer bzw. dehnt sich aus ,der Raum in der Umgebung der Materie dehnt sich ebenfalls aus , und es entsteht eine Blauverschiebung, weil das Medium sich ausdehnt und an Dichte verliert.

Eine Abnahme der Wärmeenergie (= Temperaturerniedrigung) bewirkt das Gegenteil.

Nur die Masse verhält sich ähnlich , wie bei den anderen Energieformen.

Im übrigen, durch den beschriebenen Einfluß der Wärmeenergie auf Zeit wird auch erklärbar, weshalb die Lichtwellen und sonstige elektromagnetische Wellen der Galaxien und Sterne sich im interstellaren Raum des

Universums über Milliarden Jahre ausbreiten und trotzdem hier bei uns ankommen können ,da die Zeit nicht nur durch die enorm hohe Geschwindigkeit , sondern auch durch die dort herrschende enorme Kälte erheblich langsamer läuft und sie durch die Zeitverlangsamung praktisch konserviert werden und sie tatsächlich aus ihrer Sicht nicht Milliarden Jahre unterwegs sind, sondern ganz erheblich kürzer .

Diese Ausnahme der **Wärmeenergie** wirkt gleichzeitig als eine Art **Gegenspiel** bzw. **Gegenpol** , d.h. die **Wärmeenergie** funktioniert als eine Art **Gegenregulationsmittel** zu den anderen Energieformen, bzw. als **Rückkopplung,** und verhindert dadurch **Entgleisungen** und **Katastrophen,** die sonst bei massiven Energieänderungen im Universum unvermeidbar wären .

Gleichzeitig unterstreicht das Sonderverhalten der Wärmeenergie nochmals die Richtigkeit meiner energetischen Relativitätstheorie, da die meisten Naturphänomene aus 2 paradoxen und entgegengesetzten Einzel-Phänomenen bestehen und die Rückkopplungsvorgänge in der Natur weit verbreitert sind (wegen einer umfassenden Darstellung s. meine wissenschaftliche Arbeit ",,Regelkreise und Rückkopplungen im Universum bzw. in der Natur ") .

Die folgenden Beispiele machen dies anschaulich:

1. ***Das 3. Axiom von Newton***: **Aktion und Reaktion ,** das besagt, daß jede Aktion eine Reaktion hervorruft, die ihr entgegengesetzt ist. Oder anders ausgedrückt : Kräfte treten paarweise auf, und zwar so, daß sie entgegengesetzt wirken. Wenn z.B. auf eine Fläche Druck ausgeübt wird, wird dadurch eine gleich große Gegenkraft ausgelöst, die dieser Kraft genau entgegenwirkt.

2. ***Die Lentzsche Regel*** : Die von einem Strom hervorgerufene Induktionsspannung ist so gerichtet, daß sie diesem Strom entgegen wirkt.

3. ***Rückkopplungsphänomene*** **sind auch** *in der Medizin* **bestens bekannt**, und dienen der Regulation bzw. der Feindosierung z.B. der **Hormone**. So funktioniert z.B. beim Menschen das gesamte endokrine System . Z. B. das **TSH** (Thyreoidea-stimulierendes Hormon) des Hypophysen-Vorderlappens bewirkt die Produktion des **Thyroxins** (Schilddrüsenhormon) in der Schilddrüse. Das Thyroxin der Schilddrüse inhibiert jedoch seinerseits die Produktion des TSH, so daß dadurch die Produktion von TSH wieder zurückgeht und der Rückkopplungskreis geschlossen wird . Dadurch wird verhindert, daß zuviel TSH produziert wird. So wird die Menge des TSH bzw. des Thyroxin ganz fein reguliert und angepaßt.

4. **Ein weiteres gutes Beispiel für die Rückkopplungsphänomene im Bereich der Medizin ist ferner das Zusammenspiel zwischen dem ACTH (Adrenokortikotropes Hormon) , das ebenfalls im Hypophysenvorderlappen produziert wird , und der Cortisol-Synthese und -Sekretion in der NNR (Nebennirenrinde) dient .** Ein vermehrtes Ausschütten des ACTH des Hypophysenvorderlappens führt zu einer erhöhten Synthese und -Sekretion des Cortisols der NNR , das seinerseits zu einer Suppression der Produktion des ACTH führt. Dadurch wird in diesem Kreis ebenfalls die Hormonmenge ganz fein reguliert und angepaßt.

Höchstwahrscheinlich genau aus diesem Grunde haben auch Änderungen vieler anderer Energieformen wie Druckänderungen , Temperaturänderungen zur Folge (und umgekehrt), die was die Zeit und Raum anbetrifft gegenseitige Veränderungen verursachen , somit regulierend wirken und Entgleisungen bei großen Energieveränderungen vor allem im Universum verhindern.

Somit spielt die Wärmeenergie als Begleiterscheinung anderer Energieformen , eine Regulierungs- bzw. Rückkopplungs-Funktion.

Bei sehr hohen Temperaturen lassen jedoch die diesbezüglichen Wirkungen der Temperatur nach und erreichen bei entarteter Materie ihre Grenze.

Um das zu verstehen müssen wir eine kleine Reise unternehmen im Bereich der Plasmaphysik. Ich werde jedoch versuchen, die Sache so einfach und verständlich darzustellen wie möglich und ohne Ballast.

Bei einer massiven Temperaturerhöhung ,etwa ab 10 000 Kelvin, ändert sich der Zustand der Materie . Weil ab dieser Temperatur die Atome ihre Elektronen nicht mehr halten können und deswegen die Elektronen der Atomhüllen abgestreift werden, um so vollständiger, je höher die Temperatur ansteigt. Deswegen befinden sich ab dann die Atome in ionisiertem Zustand . So ein ionisiertes Gas nennt man Plasma , d.h. die Materie bzw. das Gas befindet sich nun im Plasma-Zustand.

Bei noch weiter ansteigenden Temperaturen tritt nach und nach neben dem Gasdruck auch der Strahlungsdruck zunehmend in Erscheinung , der rapide zunimmt und ab Temperaturen von einigen Millionen Kelvin sogar den Gasdruck übersteigt .

Das Gas verdichtet sich zunehmend und bei sehr hohen Temperaturen wird der Druck nur noch abhängig werden von der Dichte und nicht mehr von der Temperatur. Diesen Zustand , der bei Drücken von einigen Millionen Pascal begleitet wird , bezeichnen wir in der Physik als entartet . Ab diesem Temperaturbereich treten relativistische Zustände in Erscheinung.

Z.B. im Inneren der Sterne existieren solche Zustände .

Die Änderungen von Zeit, Raum und Masse sind aus unserer Sicht , also relativ; wir würden unsere Zeit und die Abläufe unserer Phänomene bei unseren Energieverhältnissen als normal betrachten und die eigenen Veränderungen gar nicht merken . Die Phänomene und Abläufe bei unseren Brüdern anderswo im Universum bei anderen Energieverhältnissen wären vielmehr aus unserer Sicht sehr schnell. bzw. sehr langsam . Umgekehrt unsere Brüder im Universum würden ihre Zeitabläufe für normal halten und das Gefühl haben , daß unsere Zeit schneller oder langsamer laufen würde .

Es gibt mehrere Methoden und Beispiele, um die Richtigkeit dieser Theorie nachzuweisen:

1. Einige Beweise habe ich schon oben erwähnt .

2. Beweisführung und Ableitung aus den Beobachtungen und Experimenten der Plasma-Physik , die hier an dieser Stelle nochmals wiederholt wird:

Bei einer massiven Temperaturerhöhung ,etwa ab 10 000 Kelvin, ändert sich der Zustand der Materie. Weil ab dieser Temperatur die Atome ihre Elektronen nicht mehr halten können und deswegen die Elektronen der Atomhüllen abgestreift werden, um so vollständiger, je höher die Temperatur ansteigt. Deswegen befinden sich ab dann die Atome in ionisiertem Zustand . So ein ionisiertes Gas nennt man **Plasma** , d.h. die Materie bzw. das Gas befindet sich nun im Plasma-Zustand.

Bei noch weiter ansteigenden Temperaturen tritt nach und nach neben dem Gasdruck auch der **Strahlungsdruck** zunehmend in Erscheinung , der rapide zunimmt und ab Temperaturen von einigen Millionen Kelvin sogar den Gasdruck übersteigt .

Das Gas **verdichtet sich zunehmend** und bei sehr hohen Temperaturen **wird der Druck nur noch abhängig werden von der Dichte und nicht mehr von der Temperatur.** Diesen Zustand , der bei Drücken von einigen Millionen Pascal begleitet wird , bezeichnen wir in der Physik als **entartet** . Ab diesem Temperaturbereich treten **relativistische** Zustände in Erscheinung.

Z.B. im Inneren der Sterne existieren solche Zustände.

3. Eine weitere Beweisführung ist ferner gegeben durch die Äquivalenz der Masse und Energie. Wenn also die **Energie** zunimmt muß deswegen auch die **Masse** zunehmen und somit auch die Gravitation. Wir wissen aber ,daß eine Erhöhung der Gravitation dazu führt, daß die Zeit langsamer läuft und eine Rotverschiebung auftritt. **Deswegen muß also auch eine Erhöhung der Energie dazu führen, daß die Zeit langsamer läuft und eine Rotverschiebung auftritt .**

Wegen der weiteren ausführlichen Beweisführung durch Experimente s. meine wissenschaftliche Arbeit " Weitere Beweise für meine energetische Relativitätstheorie " , und mein Buch „ Sind die Relativitätstheorien von Einstein richtig?, meine energetische Relativitätstheorie „.

Die beiden Relativitätstheorien von Einstein müssen korrigiert, zusammengelegt, und ergänzt werden . Sie sind ein Teilgebiet bzw. eine Sonderform meiner energetischen Relativitätstheorie, da Bewegung bzw. Geschwindigkeit und Gravitation

Sonderformen der Energie, als Allgemeinbegriff , sind. Auch der Raumbegriff von mir ist anders als der Raumbegriff von Einstein .

Meine energetische Relativitätstheorie spielt im Universum eine immense Rolle und kann zahlreiche Phänomene und Erscheinungen im Universum erklären, für die man bis jetzt keine hinreichende Erklärung finden konnte . Die Nachfolgenden **30** Beispiele machen dies deutlich. **Sie dienen gleichzeitig der Beweisführung für diese Theorie** .

Konsequenzen , Bedeutung u. Anwendungsbeispiele meiner energetischen Relativitätstheorie :

1. Die energetische Relativitätstheorie könnte die fehlende Masse bzw. Gravitation liefern, die für die Rückkehr der Expansion des Universums notwendig wäre und danach bis jetzt vergeblich gesucht worden war Denn nach den Berechnungen der Astronomen , die die gesamte **Masse des Universums** berechnet haben, liefert die gesamte Msse des Universums nur ca. 10 % der erforderlichen Gravitationskraft , die für die Rückkehr des

Universums erforderlich wäre, wenn der Newton'
schen Gravitationsformel zugrunde gelegt würde.
**Meine Theorie liefert auch hier die scheinbar
fehlende Masse bzw. scheinbar fehlende
Gravitation** (die fehlende Masse, die notwendig ist,
um die sogenannte kritische Dichte zu erreichen).
Denn In vielen Gebieten des Universums wie z.B. im
Zentrum der Galaxien bestehen sehr große Druck-,
Strahlungs- und Temperaturverhältnisse und somit
sehr hohe Energiekonzentrationen., die eine
enorme Massenzunahme bewirken können   und
ferner enorm große zusätzliche Gravitationen
erzeugen können .

**2. Die energetische Relativitätstheorie liefert auch
die fehlende Masse bzw. Gravitation , für den
Zusammenhalt der Galaxien , wonach bisher
ebenfalls vergeblich gesucht worden war.**

Wir wissen nämlich, daß die berechnete **Masse der
einzelnen Galaxien** nur ca. 10 % der Masse beträgt,
die erforderlich wäre , um die einzelnen Galaxien
aufgrund der nach der Newton'schen
Gravitationsformel berechneten Gravitationskraft
zusmmenzuhalten , damit die einzelnen Sterne der
Galaxien sozusagen nicht wegfliegen.

Auch dieses Problem wird durch meine energetische
Relativitätstheorie gelöst und die scheinbar fehlende
ca. 90 % Rest-Gravitation findet ihre Erklärung , da
insbesondere im Kern der Galaxien enorme Mengen
Energie vorhanden sind, die bisher nicht
berücksichtigt worden war (vergl. in diesem
Zusammenhang auch **meine wissenschaftliche**

Arbeit „ Verfügt die Enerige auch über eine Gravitation ?) .

3.   Einen weiteren Beweis für meine Theorie haben die neuesten Beobachtungen des Hubble-Teleskops geliefert: Einige Galaxien sind am Himmel mehrfach abgebildet, weil deren Licht durch eine davor liegende Galaxie durchgegangen und diese Galaxie wie eine **Linse** gewikrt hat (sogenannten Einstein'schen Linse) .
Dadurch kann nunmehr die Gravitation der als Linse gewikten Galaxie aufgrund der berechneten Masse der Galaxie und der Newton'scher Gravitaionsformel berechnet werden. Diese Berechnung hat aber ergeben, daß dadurch nur ca. 10 % der für diese Abbildungen erforderlichen Gravitation geliefert wird, sodaß als eine Art Notlösung eine (nur vermutete und erst gar nicht vorhandene) Art dunkle Materie bzw. dunkler Staub !! unterstellt wurde.

Meine Theorie löst auch dieses Problem und liefert die fehlende Gravitationskraft, da bisher die enorm hohen Energiemengen der betreffenden Gebiete nicht berücksichtigt worden waren .

4. Sie könnte die beobachtete erheblich abweichende Rotverschiebung einzelner Galaxien innerhalb von gewissen Galaxie-Gruppen erklären, die man bis jetzt gar nicht deuten konnte, da alle Galaxien einer Gruppe ähnliche Geschwindigkeiten, und somit gleiche Rotverschiebung haben müßten. Sie wären nach dieser Theorie darauf zurückzuführen, daß die entsprechenden Galaxien z.B. andere

Temperatur- und Druckverhältnisse und somit andere Energiekonstellationen und deswegen abweichende Rotverschiebungen besäßen.

5. **Sie könnte die beobachtete stärkere Rotverschiebung im Zentrum unserer Galaxie** erklären und zwar durch die dort vorhandenen enormen Energiekonzentrationen wegen der dort herrschenden großen Temperatur- und Druck- und Strahlungsverhältnisse.

Diese Rotverschiebung hatte man bis jetzt auf eine höhere Geschwindigkeit des Zentrums der Galaxie zurückgeführt, die jedoch sowohl aufgrund meiner Theorien der Galaxien als auch aufgrund der neueren Messungen, nicht richtig ist .

6. Sie könnte die **zusätzliche Rotverschiebung unserer Sonne** erklären, die bisher nicht erklärbar war.

7. Die Kerne bzw. die Kerngebiete heißer bzw. energiereicher Sterne und Galaxien sind wahrscheinlich **auch deswegen weitgehend stumm,** da nicht nur wegen der enormen Massenkonzentration dort , sondern auch durch die dortige enorme Energiekonzentration keine größere Strahlungen mehr abgestrahlt werden können, da sie dort sozusagen stark festgehalten werden . Deswegen haben wir somit nur begrenzte oder keine Möglichkeiten, Informationen von diesen Gebieten zu erhalten. Die elektromagnetischen Signale einschließlich der

Lichtstrahlen, die wir von diesen Himmelsobjekten erhalten, verraten uns sehr wahrscheinlich nur Informationen aus den oberflächlichen Gebieten dieser Objekte.

8. Auch deswegen ist das Zentrum unserer Galaxie dunkel und weitgehend stumm, weil die dort vorhandenen enormen Energiekonzentrationen zusätzlich zu der dort vorhandenen enormen Masse verhindern, daß von dort Strahlen hier bei uns ankommen. Dies wurde bisher vielfach mit einer Dunkelwolke bzw. mit Staubwolke in Zusammenhang gebracht , was allerdings nicht sehr plausibel erscheint .

9. Viele als **Dunkelwolke und Staubpartikel** bezeichnete Gebilde sind wahrscheinlich nichts reelles und hängen damit zusammen, daß von diesen Gebieten, durch die " astronomischen „ Energiekonzentrationen, keine Signale z.B. als Licht usw. ausgehen können, bzw. auch die Signale der hinter ihnen liegenden Objekte angehalten werden und somit hier bei uns nicht mehr ankommen können.

10. Eine gravierende Konsequenz dieser Theorie wäre, daß die meisten berechneten Entfernungen der Galaxien bzw. der Sterne falsch wären und korrigiert bzw. neu berechnet werden müßten. Die Berechnungen der Entfernungen der weiten Galaxien beruht ja u.a. hauptsächlich darauf, daß aufgrund der beobachteten Rotverschiebung die Geschwindigkeit und nach der Hubble-Konstante die Entfernung berechnet wird. Da nach dieser Theorie die Rotverschiebung nicht nur mit der Geschwindigkeit, sondern mit der Energie zusammenhängt. müssen die berechneten Entfernungen korrigiert werden.

11. Aus Nr. 10 folgt, daß auch die bisher angenommene Größe des Universums total revidiert und korrigiert werden müsste .

12. Die Hubble-Konstante wäre nicht richtig und mußte nochmals erheblich korrigiert werden (sie ist bekanntlich schon mehrmals korrigiert worden).

13. Sie erklärt sehr gut die Ursache der verschiedenen Rotverschiebungen bei einem und demselben Quasar, da die Energieverhältnisse von Ort zu Ort ganz verschieden sein können und damit auch das Maß der Rotverschiebungen .

14. Man hat bei einigen Quasaren so große Rotverschiebungen festgestellt, die noch weit größeren Geschwindigkeiten entsprechen als die Lichtgeschwindigkeit. **Meine Theorie erklärt ebenfalls, wie diese Rotverschiebungen zustande kommen können** (wegen der möglichen dort vorhandenen enormen Energiekonzentrationen) .

15. Berechnungen haben bekanntlich ergeben, daß Galaxien untereinander Haufen bilden können, auch wenn sie bis zu 6o Millionen Lichtjahren

auseinander entfernt sind . Die bei den konventionellen Rechnungen herausbekommene Masse wäre jedoch viel zu klein, um das erklären zu können. **Meine Theorie löst auch dieses Problem durch die dort vorhandenen enormen Energiekonzentrationen.**

16. Die beiden Einsteinschen Relativitätstheorien sind nur Sonderformen meiner energetischen Relativitätstheorie, da Bewegung (bzw. hohe Geschwindigkeiten) und Gravitation nur Sonderformen der Energie als „Oberbegriff" sind.

17. Sie kann erklären, wie die Bahnänderungen der Raumschiffe im Rahmen des Apollo-Programms zustande kamen.

18. Verschiedene Raumsonden haben festgestellt, daß einige Saturnringe nicht ganz kreisförmig sind, sondern Zacken zeigen und sich an einigen Stellen berühren können. Das konnte man nach den bisherigen physikalischen Gesetze nicht plausibel machen. **Meine Theorie löst jedoch auch dieses Problem .**

19. Die meisten physikalischen Gesetze und Formeln sind keineswegs ohne weiteres überall gültig und anwendbar , da durch die veränderten Zeit-, Raum- und Energieverhältnisse erhebliche und auch nicht ohne weiteres vorausberechenbare oder nicht bekannte Abweichungen auftreten bzw. die

Formeln ihre Allgemeingültigkeit verlieren können. **Dies hat eine erhebliche Konsequenz für die gesamte Physik.**

20. Das Rätsel des bekannten Experiments der chinesischen Physikerin Wu zur Entdeckung der Paritätsverletzung beim Beta-Zerfalls kann durch meine energetische Relativitätstheorie bestens gelöst werden.

21 . Da auch das Licht mehrere Milliarden Lichtjahre braucht, um z.B. von uns bis in die tiefen Regionen des Universums anzukommen, schien es bis jetzt für einen Gegenstand unmöglich, das Universum zu überqueren . Meine Theorie widerlegt das, da in den Gebieten, die enorm hohe Energiemengen besitzen, die Zeit fast still steht, so daß man dort z.B. gar nicht alt wird. **Mit diesen Gebieten könnte man z.B. in einigen Sekunden das ganze Universum überqueren !**

22. Die Zeit ist relativ und wird beeinflußt durch den jeweiligen Energiezustand. Wir kennen hier auf unserer Erde die irdische Zeit . **In den Zentren der Galaxien , auf den Quasaren und in den Supergravitationen geht die Zeit wesentlich langsamer.** Dort steht die Zeit fast still. Wenn man sich dort aufhalten könnte, würde man fast gar nicht alt werden und ewig jung bleiben. Wir brauchen erst gar nicht so weit zu „reisen" um diese Phänomene festzustellen. Im Inneren unserer Galaxie und auch

wahrscheinlich schon im Inneren unserer Sonne geht
die Zeit etwas langsamer als bei uns.
Dies alles wird verursacht, durch die dort vorhandenen
enormen Energiekonzentrationen, etwa in Form von
Druck , Temperatur- und Gravitationsenergie usw.

**23.   Energie beeinflußt den Raum, so daß er
schrumpft und relativ wird: Das bedeutet z.B. daß
der Raum im Bereich des Zentrums unserer
Galaxie anders ist , als der Raum in unserem
Bereich**, Ganz krass wird es im Bereich der
Supergravitationen, und zwar wegen der dort
vorhandenen enormen Energiekonzentrationen.

24. Masse wird relativ: Das bedeutet z.B. , daß ein
Stein hier auf der Erde einen anderen Wert bzw. ein
anderes Gewicht hat, als auf der Sonne bzw. im
Zentrum unserer Galaxie , und zwar auch durch die
dortigen enormen Energiekonzentrationen

**25.   Die gesamten elektromagnetischen Wellen ,
wie das Licht ,die Röntgen- und die Gamma-
Strahlen** aber auch die **Radiostrahlen** ,die wir aus
dem Universum empfangen, könnten Strahlen sein,
die erheblich stärkere Rot- oder Blauverschiebung
zeigen , als bisher angenommen .Das könnte zu
erheblichen Korrekturen führen und neue Aspekte
eröffnen, die bisher unvorstellbar gewesen wären .

26. Im August 1972 beobachtete man eine gewaltige
Sonneneruption mit einem damit verbunden

enormen Energieausbruch. Gleichzeitig, nämlich **am 8. August 1972 registrierte man auch einen sprungartigen Anstieg der Tageslänge,** die normalerweise um 1,6 Milli-Sekunde pro Jahrhundert zunimmt. **Dieses Phänomen, das bisher nicht erklärbar war, kann durch meine Theorie gut erklärt werden** .

27. Auch das Problem des unerwartet frühen Eintritts der amerikanischen Raumstation Skylab in die Erdatmosphäre , die ebenfalls bisher unerklärlich geblieben war, **kann durch meine Theorie gelöst werden,** da damals zur gleichen Zeit, nämlich im Juli 1979 die Sonne ebenfalls eine enorme Aktivität zeigte.

28. Die Zahl der Neutrinos, die im Inneren unserer Sonne entstehen und in den Weltraum abgestrahlt werden, ist nach Messungen wesentlich kleiner, als erwartet. Auch dieses Problem , das bisher unerklärlich war, kann durch meine Theorie geklärt werden .

29 . Diese Theorie stimmt ferner überein" mit den Meinungen der großen Philosophen, wie **Kant** und **Heidegger**.

30. Die festgestellten und bisher unerklärbaren deutlichen Bahnabweichungen und Geschwindigkeitsverlangsamungen der in den Jahren 1972 und 1973 gestarteten Raumsonden

Pioneer 10 und Pioneer 11 (es ist da die Rede von geheimen Kräften und ob die Gesetze von Newton falsch wären) **könnten nunmehr durch diese Theorie erklärt werden** , durch mögliche hohe Energiekonzentrationen in der Nähe der Bahnen dieser Raumsonden , die im Gegensatz zu Massen, selbstverständlich nicht sichtbar zu sein brauchen **(vergl. auch meine wissenschaftliche Arbeit „Verfügt auch die Energie über eine Gravitation?“).**

Die gravierendsten Konsequenzen dieser Theorie sind jedoch, daß das bisher angenommene Alter des Universums von 12-15 Milliarden Jahren nicht mehr richtig ist und erheblich korrigiert werden müßte , (vergl. Kapitel 3 dieses Buches),und ferner daß die bisher angenommenen Entfernungen der meisten Sterne und Galaxien ebenfalls nicht richtig sind und ebenfalls total revidiert werden müßten , wie bereits beschrieben .

Im Rahmen dieses Kapitels konnten natürlich nur **einige** Beispiele gegeben und kurz erläutert werden.   Die Anwendungsgebiete dieser Theorie sind jedoch in der Tat erheblich größer und können deshalb hier nicht alle erwähnt werden.

Ich hoffe ,daß es mir gelungen ist, Ihnen meine energetische Relativitätstheorie, die von immenser Bedeutung für das ganze Universum ist , verständlich zu machen , wobei ich darauf hinweisen möchte, daß dazu ein abstraktes Denkvermögen förderlich wäre .

Kapitel 13

Ist das Newtonsche

Gravitationsgesetz richtig?

Schon als Gymnasialschüler war ich ein Bewunderer von Newton ,und seine Gesetze haben mich fasziniert. Das Gravitationsgesetz von Newton ist zweifellos eine der großartigsten Leistung unserer Astronomie und Physik gewesen und stellte einen großen Meilenstein in der Geschichte der Astronomie und Physik dar.
Später , als ich mich intensiver mit der Materie beschäftigte , kamen mir jedoch zunehmend Zweifel an der Richtigkeit seines Gravitationsgesetzes auf .
Die nachfolgend beschriebene Theorie habe ich schon Ende der 70iger Jahre bzw. Anfang der 80iger Jahre entwickelt , jedoch erst jetzt habe ich mich zu einer Publizierung entschieden, da ich an einigen weiteren Theorien arbeitete, die damit teilweise zusammenhingen.

Newton hat damals sein Gravitationsgesetz bzw. seine Gravitationsformel entwickelt aufgrund von Beobachtungen der Planetenbahnen und -bewegungen **innerhalb** unseres Sonnensystems und natürlich aufgrund von dem damaligen Kenntnisstand der Wissenschaft .

Seitdem sind ca. 3,5 Jahrhunderte vergangen , es sind in der Zwischenzeit viele weitere Beobachtungen und viele Entdeckungen gemacht worden und der Wissensstand hat sich erheblich weiter entwickelt. Deswegen wollen wir uns überlegen , ob die Gravitationsformel von Newton noch richtig und haltbar ist.

Newton ist in seinem Gravitationsgesetz davon ausgegangen, daß die Gravitation eines Körpers (in seiner unmittelbaren Nähe, also unter der Weglassung des Faktors Entfernung) *konstant* und nur abhängig ist von seiner *Masse:*

$$F = G \cdot \frac{m_1 \cdot m_2}{r^2}$$

Ist die Gravitation aber wirklich konstant?

Bevor ich diese Frage beantworte, möchte ich anhand von sehr einfachen nachfolgenden Beispielen und Gesetzen die Wechselwirkungen zwischen **Energie** und **Schwingungen einschließlich der elektromagnetischen Wellen** für jeden besser anschaulich und verständlicher machen , ohne dabei auf viel unnötigen physikalischen Ballast und unnötige Formeln einzugehen :

1. Eine **Schaukel** stellt eine sehr einfache Schwingung dar . Wir wissen alle , daß wenn wir einer Schaukel **Energie zuführen** indem wir z.B. der Schaukel (in Richtung der Bewegung) einen zusätzlichen Stoß geben , die Schaukelbewegungen d.h. die **Schwingungen intensiver** werden.

2. **Trillerpfeife**: Wenn wir den Druck erhöhen , d.h. kräftiger blasen (= **Energieerhöhung**) wird die Pfeife bekanntlich lauter , d.h. die **Schwingungen werden intensiver.**

3. **Musikinstrumente**:
   Bei einem **Klavier** führt ein festerer Anschlag zu lauteren Klängen   , was gleichbedeutend ist mit einer **Intensivierung der Schwingungen.**

   Bei den **Streichinstumenten**   führt ein festeres Ziehen des Bogens (**Energieerhöhung**) zu lauteren Tönen d.h. zu **intensiveren Schwingungen**).

   Bei den **Blasinstrumenten** wird durch ein kräftigeres Blasen die Lautstärke des Instruments ebenfalls erhöht   , was gleichbedeutend ist mit **einer Intensivierung der Schwingungen (bei sehr starkem Blasen entsteht sogar die höhere Oktave , d.h. eine Frequenzzunahme der Wellen bzw. eine Abnahme der Wellenlänge , vergl. Analogie zu elektromagnetischen Wellen).**

   Bei einer **Pauke** ist das Lauterwerden des Klangs durch festeres Schlagen besonders eindrucksvoll.

   Dies alles bedeutet und demonstriert sehr eindrucksvoll, daß bei einer Energieerhöhung die Schwingungen intensiver werden.

3. **Beim Sprechen und Singen** wird bekanntlich durch Druckerhöhung die Lautstärke erhöht, d.h. **die Erhöhung der Energie führt auch hier zur Intensivierung der Schwingungen.**

4. **Eine Glühbirne** wird heller, bei einer Erhöhung der Spannung, was gleichbedeutend ist , daß auch hier bei

einer **Erhöhung der elektrischen Energie** (die bekanntlich auch proportional abhängig ist von der Spannung.) die emittierte **elektromagnetische Abstrahlung (Licht) intensiver wird.**

5. **Röntgenstrahlung:** Eine Erhöhung der Spannung der Röhre führt zu Entstehung intensiverer energiereicheren (härteren) Strahlung, bei gleichzeitiger Frequenzzunahme. Die Eindringtiefe der Strahlung nimmt zu .

6. **Stefan –Bolzmannsches Gesetz:** Danach **nimmt die abgestrahlte Leistung zu** sogar **mit der 4. Potenz der absoluten Temperatu**r, d.h. sie ist stark **Temperatur-** und somit **Energieabhängig**.

7. und sicherlich nicht zuletzt das **Strahlungsgesetz des schwarzen Körpers** (s. unten).

Das alles   bedeutet, daß eine Energieerhöhung zu Entstehung von intensiveren Schwingungen bzw. elektromagnetischen Wellen führen

Wir wissen, daß die Gravitation sich durch **Gravitationswellen** ausbreitet. Sie **gehören zum Spektrum der Elektromagnetischen Wellen**, mit einer enorm kleinen Wellenlänge. **(vergl. Kapitel 16 und meine wissenschaftlichen Arbeiten über Gravitationswellen)** .

Wir kennen alle aus der Physik das **Strahlungsgesetz des schwarzen Körpers bzw. die Hohlraumstrahlung   . Danach nimmt die Intensität der Lichtes (die Energie bzw. die Leistung) zu, wenn die Temperatur erhöht wird, wobei gleichzeitig die Wellenlänge abnimmt .**

Die nachfolgende Graphik macht dies anschaulich :

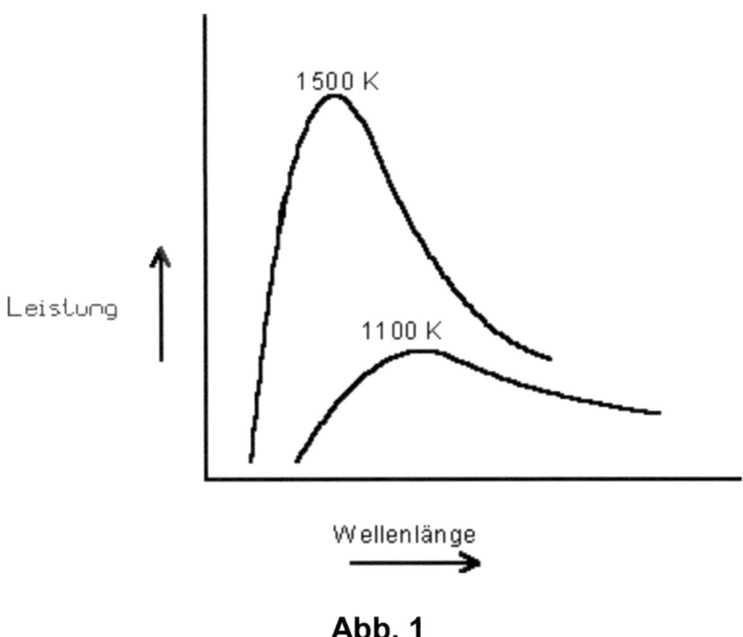

Abb. 1

Wir wissen alle z.B. wenn wir einen Gegenstand (z.B. Eisen, Holz usw.) erhitzen, daß das Licht intensiver wird und bei einer stärkeren Erhöhung der Temperatur das aufgetretene Licht bzw. die aufgetretene Flamme mehr und mehr eine bläuliche Farbe annimmt , d.h. **bei einer Erhöhung der Temperatur (Energie) wird das *Licht stärker* und die *Wellenlänge* wird zunehmend *kürzer* (blau) .**

Wir wissen, daß dieses Gesetz gültig ist nicht nur für Licht, sondern auch für die übrigen elektromagnetischen Wellen . Also <u>muß</u> dieses Gesetz auch gültig sein für die Gravitationswellen .

Dies alles bedeutet im Klartext, daß bei einer Erhöhung der Energie bzw. bei einem höheren Energiezustand, die Intensität und somit die Energie der Gravitationswellen zunimmt , was gleichbedeutend ist mit einer Zunahme der Gravitation. Gleichzeitig nimmt auch die Wellenlänge der Gravitationswellen ab, was gleichbedeutend ist mit einer größeren Reichweite.

Die Gravitation eins Körpers ist also nicht konstant und ist abhängig von seinem Energiezustand. Ein Körper in einem normalen Energiezustand hat eine Gravitation , die nach der Formel von Newton berechnet werden kann. Es handelt sich um eine Grundgravitation. Bei einer Änderung des Energiezustandes dieses Körpers (z.B. starke Erhöhung der Temperatur) ändert sich die Gravitation entsprechend des jeweiligen Energiezustandes . Jeder Körper verfügt also über eine **<u>Grundgravitation</u>** und eine **<u>potentielle</u> zusätzliche Gravitation** , die freigesetzt werden kann bei einer Erhöhung des Energiezustandes. Bei dieser potentiellen Gravitation handelt es sich also um eine Art **eingefrorene zusätzliche Gravitation, die freigesetzt werden kann.**

Wir wollen nun versuchen dies in einer Formel darzustellen:

Wir haben nach dem Newtonschen Gravitationsgesetz:

$$F = G \cdot \frac{m_1 \cdot m_2}{r^2}$$

Wir müssen nun diese Formel ergänzen durch Einfügen von jeweils einem variablen Faktor E 1 und E2 (Energiezustand), der jeweiligen Körper mit der Masse m1 und m2, wobei E 1 und E2 um so größer sind , je größer der jeweilige Energiezustand ist.
Die von mir entwickelte neue Formel (Gravitationsformel von Bahrami) sieht dann so aus:

$$F = G \cdot \frac{m_1\, E_1 \cdot m_2\, E_2}{r^2}$$

Die jeweiligen Werte der E 1 und E2 müßten noch durch astronomische Beobachtungen und Berechnungen ermittelt werden. Bei normalem Energiezustand beträgt dieser Faktor jeweils 1 , wobei dann das Ergebnis gleich ist, wie bei der Anwendung der Newtonschen Formel . Bei dem Energiezustand der Galaxien müßte dieser Faktor insgesamt mindestens 10 betragen . Dieser Faktor erreicht sein Maximum, wenn die gesamte Masse in Energie umgewandelt wird , d.h. die gesamte Energie der Masse frei wird und somit ihre volle Wirkung entfalten kann. Das ist der Fall z.B. am „ Ende" des Universums , wenn die Expansion in Kontraktion übergeht .

Dies alles bedeutet zusammengefaßt im Klartext, **daß die Gravitation eines Körpers (außer der Abhängigkeit von der Entfernung)   nicht konstant ist, d.h. nicht nur von der Masse abhängt, sondern auch mit dem <u>Energiezustand</u> des Körpers zusammenhängt , setzt sich also zusammen aus einer <u>Grundgravitation</u> und einer eingefrorene zusätzliche <u>potentielle</u> Gravitation .**

Das bedeutet auch ,daß durch Energiefreisetzung (M $\rightarrow$ E) eine **erhebliche <u>zusätzliche</u>** Gravitation freigesetzt wird . Das Maximum an Gravitation wird freigesetzt bei einer totalen Umwandlung der Masse in Energie.

Der Grund für dieses Phänomen ist, daß es sich bei den Gravitationswellen um Energiewellen handelt. Solange die Energie in Materie gebunden ist , ist die Gravitation gering, solbald aber die Energie frei wird, muß auch die Gravitation erheblich größer werden.

Ein Laie , der diesen Artikel liest, kann sich dies z.B. ganz einfach anhand von dem folgenden banalen Beispiel klarmachen :
z.B. ein   stehendes Auto kann Fähigkeiten entfalten, die zunächst nicht wahrnehmbar sind, nämlich Bewegen bzw. Fahren . Diese Fähigkeiten treten erst bei einer Änderung des Energiezustandes , nämlich beim Gasgeben   in Erscheinung .

Wegen einer unfassenden Darstellung der Gravitatioinswellen und ihrer Eigenschaften und zum besseren Verständis dieser faszinierenden Phänomene wird verwiesen auf Kapitel 16, auf **meine wissenschaftlichen Arbeiten über die Gravitationswellen** und ferner auf mein Buch „ **Sind die Relativitätstheorien von Einstein richtig?, meine energetische Relativitätstheorie „**

Durch diese Theorie von mir werden einige bisher nicht lösbar erscheinende nachfolgend beschriebene Phänomene erklärbar und diese Theorie wird gleichzeitig dadurch bewiesen , z.B.

1. Wir wissen, daß die berechnete **Masse der einzelnen Galaxien** nur ca. **10 %** der Masse beträgt, die erforderlich wäre , um die Galaxie aufgrund der nach der Newtonschen Gravitationsformel berechneten Gravitationskraft zusmmenzuhalten. **Nach meiner Gravitationstheorie wird verständlich, daß diese berechnete Masse völlig ausreicht um die erforderliche zusätzliche Gravitationskraft zu liefern,** da die Galaxien sich in einem sehr hohen Ernergiezustand befinden z.B. durch die enorm hohen Temperaturen insbesondere im Kern der Galaxien, durch enorm hohen Druck, und die durch Strahlung freigesetzte Energie usw. Ohne meine Theorie würden die Sterne der Galaxien auseinanderfliegen bzw. aus der Galaxie ausbrechen.

2. Es war ebenfalls bisher unklar, **weshalb die gesamten Milliarden Sterne einer Galaxie an der Rotation der Galaxie teilnehmen. Meine Theorie macht dies ebenfalls verständlich und liefert die zusätzliche dafür erforderliche Gravitationskraft.**

3. Auch die **äußerst schnelle Rotationsgeschwindigkeit** von ca. 250 Km/ s (wohl gemerkt nicht pro Stunde sondern pro Sekunde !!!!) , die in Relation zu der bisher berechneten Gravitationskraft einer **Galaxie** zu schnell erschien, **wird durch meine Theorie verständlich**. Diese schnelle Rotationsgeschwindigkeit ist erforderlich zur Erzeugung der sehr starken und in dieser Stärke erforderlichen starken Zentrifugalkraft , zur Kompensation der nach meiner Formel berechneten starken Gravitation der Galaxie , damit die einzelnen Sterne der Galaxie auf der Bahn gehalten werden und nicht durch die sehr starke Gravitationskraft des Zentrums der Galaxie in das Zentrum fallen bzw. sich dem Zentrum stark nähern .

4. **Ein weiterer Beweis für meine Theorie hat die neuen Beobachtungen des Hubble-Teleskops geliefert**: Einige Galaxien sind am Himmel mehrfach abgebildet, weil deren Licht durch eine davor liegende Galqaxie durchgegangen ist und diese Galaxie wie eine **Linse** gewikrt hat (sogenannten Einsteinschen Linse) . Es ist durch das Hubble-Teleskop z.B. eine Photographie gelungen , worauf eine Galaxie hierdurch 5 –fach abgebildet zu sehen ist.
Dadurch kann nunmehr die Gravitation der als Linse gewirkten Galaxie aufgrund der berechneten Masse der Galaxie und der Newtonschen Gravitaionsformel berechnet werden. Diese Berechnung hat aber ergeben, daß diese Berechnung nur ca. **10 %** der für diese Abbildungen erforderlichen Gravitation liefert, sodaß als eine Art Notlösung eine (nur vermutete und erst gar nicht vorhandene) Art dunkle Materie bzw. dunkler Staub !! unterstellt wurde.

Meine Theorie löst auch dieses Problem und liefert die fehlende Gravitationskraft. Dies ist gleichzeitig ein weiterer Beweis für meine Theorie.

5. Nach den Berechnungen der Astronomen , die die gesamte **Masse des Universums** berechnet haben, liefert die gesamte Masse des Universums nur ca. **10 %** der erforderlichen Gravitationskraft , die für die Rückkehr des Universums erforderlich wäre, wenn die Newtonsche Gravitationsformel zugrundegelegt würde. **Meine Theorie liefert auch hier die scheinbar fehlende Gravitation und beweiset gleichzeitig, daß die berechnete Masse für die Rückkehr des Universums ausreichend wäre (vergl. Auch mein Buch „ Das Geheimnis der Enstehung des Universums, meine DPNS-Theorie „.**

Das Universum verfügt somit über riesige bisher unahnbare Gravitationsreserven .

Um die eingangs gestellte Frage abschließend zu beantworten:
Das Newtonsche Gravitationsgesetz ist <u>nicht</u> richtig und muß dringend wie oben dargestellt korrigiert werden .

Kapitel 14

Verfügt die Energie auch über eine Gravitation ?

Meine Entdeckung und Theorie der Gravitation der Energie

Erweiterung des Begriffs Gravitation

Es ist erstaunlich, daß über die Gravitationswirkung der **Masse** offenbar viel nachgedacht und geschrieben worden ist , aber kaum darüber, ob auch die **Energie** über eine Gravitation verfügt .

Zum bessern Verstehen der Thematik dieses Kapitels müssen einige Feststellungen des vorigen Kapitels hier wiederholt und ergänzt werden.

Im Kapitel 13 und Im Rahmen meiner wissenschaftlichen Arbeit „Ist das Newtonsche Gravitationsgesetz richtig?“ konnte ich zeigen und ausführlich dafür Beweis führen , daß das Newtonsche Gravitationsgesetz nicht mehr richtig ist und dringend gemäß meiner neuen Gravitationsformel korrigiert bzw. ersetzt werden muß (s. dort) .

Ich konnte dort   zeigen und nachweisen , **daß eine Energieerhöhung** zur Entstehung von **intensiveren Schwingungen** bzw. **intensiveren elektromagnetischen Wellen** führt .

Wir wissen, daß die Gravitation sich durch Gravitationswellen ausbreitet . **Die Gravitationswellen gehören ferner zum Spektrum der Elektromagnetischen Wellen und werden kontinuierlich emittiert** (vergl. Kapitel 13 und 16) .

Wir kennen alle aus der   Physik ferner das **Strahlungsgesetz des schwarzen Körpers bzw.   die Hohlraumstrahlung . Danach nimmt die Intensität der Lichtes (die Energie bzw. die Leistung) zu, wenn die Temperatur erhöht wird , wobei gleichzeitig die Wellenlänge abnimmt** (z.B. bei einer Temperatur von 1500 K ist die Leistung bzw. Energie erheblich höher und die Wellenlänge kleiner als bei einer Temperatur von 1100 K) , s. Abb. 1 im Kapitel 13 .

Es ist außerdem bekannt , daß wenn wir einen Gegenstand (z.B. Eisen, Holz usw.) erhitzen,   daß das Licht intensiver wird und bei einer stärkeren Erhöhung der Temperatur das aufgetretene Licht bzw. die aufgetretene Flamme mehr und mehr eine bläuliche Farbe annimmt , d.h. **bei einer**

Erhöhung der Temperatur wird das *Licht stärker* und die *Wellenlänge* wird zunehmend *kürzer* (blau) .

Wir wissen, daß dieses Gesetz gültig ist nicht nur für Licht, sondern auch für die übrigen elektromagnetischen Wellen . Also <u>muß</u> dieses Gesetz auch gültig sein für die Gravitationswellen .

Dies alles bedeutet im Klartext, daß bei einer Erhöhung der Energie bzw. bei einem höheren Energiezustand, die Intensität und somit die Energie der Gravitationswellen zunimmt , was gleichbedeutend ist mit einer Zunahme der Gravitation. Gleichzeitig nimmt auch die Wellenlänge der Gravitationswellen ab, was gleichbedeutend ist mit einer größeren Reichweite.

Die Gravitation eines Körpers ist also nicht konstant und ist abhängig von seinem Energiezustand.

Ein Körper in einem normalen Energiezustand hat eine Gravitation , die nach der Formel von Newton berechnet werden kann. Es handelt sich um eine **Grundgravitation**. Bei einer Änderung des Energiezustandes dieses Körpers (z.B. starke Erhöhung der Temperatur) ändert sich die Gravitation entsprechend des jeweiligen Energiezustandes . Jeder Körper verfügt also über eine **Grund**gravitation und eine **potentielle** zusätzliche **Gravitation** , die freigesetzt werden kann bei einer Erhöhung des Energiezustandes. **Bei dieser potentiellen Gravitation handelt es sich also um eine Art eingefrorene zusätzliche Gravitation, die freigesetzt werden kann.**

Die im Kapitel 13 dargestellte von mir entwickelte neue Formel (Gravitationsformel von Bahrami) bringt das sehr gut zum Ausdruck :

$$F = G \cdot \frac{m1 \; E1 \cdot m2 \; E2}{r^2}$$

wobei E1 und E2 Ausdruck der Energiezustände der jeweiligen Körper sind. Wegen der weiteren Erklärung zu dieser Formel s. Kapitel 13.

Dies alles bedeutet zusammengefaßt im Klartext, **daß die Gravitation eines Körpers (außer der Abhängigkeit von der Entfernung) nicht konstant ist, d.h. nicht nur von der Masse abhängt, sondern auch mit dem Energiezustand** des Körpers zusammenhängt , setzt sich also zusammen aus einer Grundgravitation und einer **eingefrorenen** zusätzlichen potentiellen Gravitation .

Das bedeutet aber auch gleichzeitig , daß durch Energiefreisetzung eine **erhebliche zusätzliche Gravitation** freigesetzt wird . Das Maximum an Gravitation wird freigesetzt bei einer totalen Umwandlung der Masse in Energie.

Der Grund für dieses Phänomen ist, daß es sich bei den Gravitationswellen um **Energiewellen** handelt. Solange die Energie in Materie gebunden ist , ist die Gravitation relativ gering, sobald aber die Energie frei wird, muß auch die Gravitation erheblich größer werden.

Aufgrund dieser Experimente und Beweisführungen muß aber auch gleichzeitig die Schlußfolgerung gezogen werden, daß auch die Energie selbst über eine Gravitation verfügen muß , und zwar auch ohne das Vorhandensein einer festen Masse .

Eine weitere Beweisführung ist ferner gegeben durch die Äquivalenz der Masse und Energie. Da die Masse über eine Gravitation verfügt muß also auch die Energie eine Gravitation haben .

Man kann dies besser verstehen , indem man sich die Frage stellt , was aus der Gravitation einer Masse wird, die sich total in Energie umwandelt . Sie kann sich kaum in nichts auflösen .

Auch bei der Gravitationswirkung der Energie verhält es sich so, **daß die Energie (bzw. Energiewellen) einerseits durch ihre Gravitation Massen anziehen kann , andererseits aber daß sie selbst durch die Gravitationswirkung einer Masse angezogen werden kann** , genauso wie bei der den Gravitationswechselwirkungen der Masse.

Genau das ist die Ursache der beobachteten Ablenkung der Lichtstrahlen durch eine größere Masse wie z.B. die Sonne.

Es ist aber wohl so, daß **die Gravitationswirkung der Energie erheblich größer ist , als die Gravitationswirkung der Masse , d.h. z.B. daß wenn eine Masse sich total in Energie umwandeln würde, eine noch erheblich größere Gravitation entstehen würde , als diese Masse vorher besessen hatte.**

Der Grund dürfte darin liegen, daß bei einer Umwandlung der Masse in Energie die vorher quasi geschlossenen Energiewellen sich öffnen und somit eine erheblich größere Gravitation erzeugen können .

Diese wichtige Tatsache und Entdeckung daß auch die Energie über eine Gravitation verfügt , ist von beachtlicher Bedeutung ,war aber bisher leider unentdeckt geblieben . Sie wird aber zu erheblichen Konsequenzen in der Physik und

Astronomie führen und viele Phänomene erklären, die bisher unerklärbar schienen .

Durch diese Entdeckungen und Theorien wird aber auch gleichzeitig der Begriff Gravitation erheblich erweitert und ergänzt .

Wegen einer unfassenden Darstellung der Gravitationswellen und ihrer Eigenschaften und zum besseren Verständnis wird verwiesen auf Kapitel 16 , auf meine wissenschaftliche Arbeit „ **Das Geheimnis der Gravitationswellen** „ und ferner auf meine Bücher **"Das Geheimnis der Entstehung des Universums, meine DPNS-Theorie "** und **„ Die Geheimnisse der Universums"**.

Durch diese Theorie von mir werden einige bisher nicht lösbar erscheinenden und nachfolgend beschriebenen Phänomene erklärbar und diese Theorie wird gleichzeitig dadurch bewiesen , z.B.

1. Wir wissen, daß die berechnete **Masse der einzelnen Galaxien** nur ca. 10 % der Masse beträgt , die erforderlich wäre , um die Galaxie aufgrund der nach der Newtonschen Gravitationsformel berechneten Gravitationskraft zusammenzuhalten **Nach meiner Gravitationstheorie wird verständlich, daß diese berechnete Masse völlig ausreicht um die erforderliche zusätzliche Gravitationskraft zu liefern,** da die Galaxien sich in einem **sehr hohen**

Energiezustand befinden z.B. durch die enorm hohen Temperaturen insbesondere im Kern der Galaxien, durch enorm hohen Druck und durch dort freigesetzte magnetische und elektrische Energie usw.

Ohne meine Theorie würden die Sterne der Galaxien auseinander fliegen bzw. aus der Galaxie ausbrechen.

2. Es war auch bisher unklar, **weshalb die gesamten Milliarden Sterne einer Galaxie an der Rotation der Galaxie teilnehmen. Meine Theorie macht dies ebenfalls verständlich und liefert die zusätzliche dafür erforderliche Gravitationskraft.**

3. Auch die **äußerst schnelle Rotationsgeschwindigkeit der Galaxien von ca. 250 km/s** (wohl gemerkt nicht pro Stunde sondern **pro Sekunde !!!!)** , die in Relation zu der bisher berechneten Gravitationskraft einer **Galaxie** zu schnell erschien, **wird durch meine Theorie verständlich**. Diese schnelle Rotationsgeschwindigkeit ist erforderlich zur Erzeugung der sehr starken und in dieser Stärke erforderlichen Zentrifugalkraft , zur Kompensation der nach meiner Formel berechneten starken Gravitation der Galaxie , damit die einzelnen Sterne der Galaxie auf der Bahn gehalten werden und nicht durch die sehr starke Gravitationskraft des Zentrums der Galaxie in das Zentrum fallen bzw. sich dem Zentrum stark nähern .

4. **Ein weiterer Beweis für meine Theorie hat die neuesten Beobachtungen des Hubble-Teleskops geliefert**: Einige Galaxien werden am Himmel mehrfach abgebildet, weil deren Licht auf dem Wege zu uns durch eine davor liegende Galaxie durchgeht und diese Galaxie wie eine **Linse** wirkt (sogenannte Einsteinsche Linse). Es ist z.B. durch das Hubble-Teleskop eine Photographie gelungen , worauf 5 Abbildungen einer Galaxie zu sehen sind .

Dadurch kann nunmehr die Gravitation der als Linse gewirkten Galaxie aufgrund der berechneten Masse der Galaxie und der Newtonscher Gravitationsformel berechnet werden.

Diese Berechnung hat aber ergeben, daß die Newtonschen Gravitationsformel nur ca. 10 % der für diese Abbildungen erforderlichen Gravitation liefern kann , sodaß als eine Art Notlösung eine (nur vermutete und erst gar nicht vorhandene) Art dunkle Materie bzw. dunkler Staub (!!) unterstellt wurde.

Meine Theorie löst auch dieses Problem und liefert die fehlende Gravitationskraft . Sie ist ein weiterer Beweis für meine Theorie.

5. Nach den Berechnungen der Astronomen , die die gesamte **Masse des Universums** berechnet haben, liefert die gesamte Masse des Universums nur ca. 10 % der erforderlichen Gravitationskraft , die für die Rückkehr des Universums erforderlich wäre, wenn die Newtonsche Gravitationsformel zugrundelegt wird .

Meine Theorie liefert auch hier die scheinbar fehlende Gravitation und beweist gleichzeitig, daß die berechnete Masse für die Rückkehr des Universums ausreichend wäre.

Diese Phänomene bzw. Beweise , die im vorigen Kapitel 13 dargestellt worden waren, mussten hier praktisch nochmals wiederholt werden, **da sie gleichzeitig auch meine in diesem Kapitel 14 dargestellte Theorie beweisen.**

Das Universum verfügt somit über riesige bisher ungeahnte Gravitationsreserven .

Im übrigen ist diese oben dargestellte variable Gravitation je nach dem Energiezustand gleichzeitig ein weiterer wichtiger Faktor **bei der Regulation des ganzen Universums,** um Entgleisungen und Katastrophen zu verhindern (näheres s. meine wissenschaftliche Arbeit " Regelkreise und Rückkopplungen im Universums").

Kapitel 15

Dunkle Materie

Realität oder Phantasie ?

Die berechnete gesamte Masse des Universums aufgrund der **sichtbaren Materie** reicht bekanntlich bei weitem nicht aus , um aufgrund des Newtonschen Gravitationsgesetzes rein rechnerisch die erforderliche Gravitation zur Rückkehr bzw. zur Kontraktion des Universums zu liefern. Sie beträgt nur ca. **10 %** der notwendigen Masse .

Auch die Gravitation der berechneten Masse der Galaxien reicht ebenfalls bei weitem nicht aus , um aufgrund des Gravitationsgesetzes von Newton ihre Sterne sozusagen festzuhalten .

Deswegen hat man sich überlegt , wie man dieses Problem lösen kann , und hat als eine Art Verlegenheitslösung die Existenz der sogenannten **dunklen Materie** unterstellt . Es soll sich um eine **unsichtbare** Materie handeln und würde die fehlende Gravitation liefern .

Es handelt sich somit um eine Verlegenheitslösung ,um eine rein willkürliche Bezeichnung bzw. eine willkürliche Vorstellung zwecks Lösung dieses Problems .

Im Rahmen meiner wissenschaftlichen Arbeit „ **Ist das Newtonsche Gravitationsgesetz richtig ?** „ und im Kapitel 13 konnte ich zeigen und beweisen, daß **die Gravitation nicht konstant , sondern variabel ist , und daß im Universum erhebliche zusätzliche Gravitationsreserven vorhanden sind , die die gesamte fehlende Gravitation liefern können** . Deswegen wird wegen der Einzelheiten darauf verwiesen .

Deswegen ist diese Verlegenheitslösung und diese Phantasiebezeichnung   " dunkle Materie "nicht mehr erforderlich und völlig überflüssig .

Außerdem ist das Universum keine Maschine , die etwa mit einer Explosion als treibende Kraft für die Expansion starten würde und eine ausreichende Gravitation brauchen würde, um in die Kontraktionsphase übergehen zu können .

Beim Universum handelt es sich vielmehr um ein **schwingendes System** , das immer weiter schwingt , das immer weiter Expansionen und Kontraktionen durchführt und dazu keine zusätzliche Kraft braucht , genauso wie bei einer elektromagnetische Welle (wie z.B. das Licht) , die immer weiter schwingt , sich ausbreitet , und die für die einzelnen positiven und negativen Phasen oder Halbwellen **keine Kraft von außen** braucht .

Es handelt sich vielmehr um eine typische **Eigenschaft** einer elektromagnetischen oder sonstigen Welle , immer weiter zu schwingen und die einzelnen Phasen der Welle völlig **selbständig** zu durchlaufen .

Dies alles konnte ich **in meinem Buch „ Das Geheimnis der Entstehung des Universums, meine DPNS-Theorie"** ausführlich zeigen , weswegen wegen einer ausführlicherer Darstellung an dieser Stelle darauf verwiesen wird .

Durch eine andere wissenschaftlichen Arbeit von mir „ **Urknalltheorie , Realität oder Träumerei "** konnte ich ferner darlegen , daß die sogenannte Urknalltheorie nicht richtig ist .

Im Rahmen einer weiteren wissenschaftlichen Arbeit konnte ich schließlich zeigen, wie die Galaxien ihre Sterne festhalten und daß sie deswegen keine zusätzliche Gravitation , etwa in Form der sogenannten dunklen Materie brauchen . **(vergl. meine wissenschaftliche Arbeit "Das Geheimnis der Galaxien") .**

Im übrigen, wenn es eine dunkle Materie geben würde, so hätte sie sich schon längst im Laufe der vergangenen Jahrmilliarden durch die eigene Gravitation in zahlreichen

Kondensationspunkten konzentriert ,und zur Bildung zahlreicher weiterer Sterne geführt , die durch in Gang Setzen der thermonuklearen Reaktionen angefangen hätten zu leuchten, genauso wie die anderen Sterne , die wir am Himmel sehen, entstanden sind und immer noch leuchten , und **wäre deswegen schon längst verbraucht worden .**

Das spricht ebenfalls gegen die Existenz einer geheimnisvollen dunklen Materie .

Die dunklen Materie ist also keine Realität , sondern eine reine Phantasie ,und nur Produkt einer Verlegenheitslösung. Eine dunkle Materie existiert also nicht und es besteht auch überhaupt kein Grund für die Annahme der Existenz der dunklen Materie , da sie auch keine Funktion oder Aufgaben hätte .

Kapitel 16

Die Gravitationswellen

Ist die Wellenlänge der Gravitationswellen besonders lang oder sehr kurz?

Wieso kann die Gravitation über so große Distanzen übertragen werden ?

Können die Gravitationswellen gemessen werden ?

Die Gravitationsformel von **Newton** stellte einen großen Meilenstein in der Geschichte der Astronomie dar und war zweifellos eine der größten Leistungen in der Astronomie überhaupt.

Die Leistung war so großartig und die Begeisterung so groß, daß jegliche Überlegungen über das „ Wie" bzw. über die Art der **Übertragung der Gravitation** völlig in den Hintergrund geriet, ganz abgesehen davon ,daß die damalige Zeit für eine Beantwortung dieser Frage zweifellos total überfordert gewesen wäre, da damals nicht einmal nähere Einzelheiten z.B. über das Licht bekannt waren.

Wir wissen ferner aus der Entwicklungsgeschichte und aus der Entwicklung der Technik, daß Entwicklungen und die Entdeckungen **stufenweise** vor sich gehen und **aufeinander aufbauen.**

Es waren insbesondere einige Astronomen und Physiker des 20. Jahrhunderts, die sich ausführlich mit der Übertragung der Gravitation von einem Körper zu dem anderen beschäftigten und sich bemühten , **Gravitationswellen** nachzuweisen.

Im Rahmen meiner wissenschaftlichen Artikelreihe **„Die großen Irrtümer der Astronomie des 20. Jahrhunderts"** habe ich ausführlich dargestellt, mit welchen gedanklichen Fehlern diese Versuche behaftet waren und sind, und daß der eingeschlagene Weg nicht weiter führen konnte und auch nicht weiter führen kann.

Nachfolgend möchte ich näher auf die Gravitationswellen eingehen und auch meine persönliche Ansichten über die Gravitationswellen darstellen :

Eines möchte ich aber zunächst vorweg schicken :

 Es ist vielfach die Meinung geäußert worden, daß die Gravitationswellen emittiert werden nur bei Änderungen des Gravitationsfeldes , also **diskontinuierlich** .

Das ist aber völlig ausgeschlossen, da die Gravitation laufend wirksam ist und für das wirksam werden der Gravitation der laufende Empfang der emittierten

Gravitationswellen erforderlich ist, oder glauben Sie wirklich an Raumkrümmung ?

Im Rahmen des Kapitels 4 dieses Buches konnte ich allerdings zeigen und beweisen , daß der Raum nicht krumm ist und auch nicht krumm sein kann . Die Gravitationswellen müssen also **kontinuierlich** emittiert werden **(vergl. Auch mein Buch" Sind die Relativitätstheorien von Einstein richtig?, meine energetische Relativitätstheorie"** .

Die Gravitationswellen müssen insbesondere folgende Eigenschaften haben:

1. **Sie müssen sich sehr weit ausbreiten können**

2. **Sie müssen durch die Materie durchgehen können, auch durch sehr dicke Materie, wie z.B. durch Planeten**

Schauen wir uns einmal **das Spektrum der elektromagnetischen Wellen** auf der nachfolgenden Tabelle an , wobei **die Wellenlänge von oben nach unten immer kleiner wird:**

Radiowellen
Mikrowellen
Infrarotstrahlung
Sichtbares Licht
Ultraviolettstrahlung
Röntgenstrahlung
Gammastrahlung

Es fällt ferner auf , daß bei wechselnder Wellenlänge die Eigenschaften sich total ändern können.

Z.B. UV-Strahlen haben im Gegensatz zum sichtbaren Licht **karzinogene Eigenschaften (maligne Melanome)** , Rö.-Strahlen können durch den Körper durchgehen (Rö.-Bilder), Gamma-Strahlen gehören zu den **Radioaktiven Strahlen** usw.

Bei den Gravitationswellen muß es sich um Wellen mit **extrem kleiner Wellenlänge** handeln, da wie wir oben festgestellt haben, sie sich **über sehr große Distanzen** ausbreiten können und über eine enorm **große Durchdringungskraft** verfügen müssen , d.h. durch die Materie gehen können. Es ist ferner davon auszugehen, daß sie sich einordnen lassen auf die Skala der elektromagnetischen Wellen.

Die Gravitationswellen sind deswegen nach meiner Ansicht anzusiedeln im untersten Bereich des Spektrums der elektromagnetischen Wellen, nämlich unterhalb der Gamma-Wellen .

Die Eigenschaften sind wieder ganz anders, d.h. sie übertragen die Gravitation und sind keineswegs etwa radioaktiv, genau so wenig , wie das normale Licht.

Es ist von einigen Wissenschaftlern behauptet worden, daß es sich bei den Gravitationswellen um Wellen mit besonders großer Wellenlänge handelt würde (es ist sogar die Rede von Wellenlängen von mehreren Kilometern) .

Jedoch schon durch die folgende einfache logische Überlegung läßt sich diese Behauptung widerlegen :

Wie wir wissen und wie außerdem nachfolgend gezeigt werden wird, **entstehen Wellen durch Schwingungen** . Es ist ferner sehr logisch, daß durch die Schwingungen **kleiner** Teile ,Wellen mit **kleiner** Wellenlänge entstehen und durch die Schwingungen **großer** Teile , Wellen mit **großer** Wellenlänge entstehen .

Genau deswegen sind die Baßsaiten eines Flügels oder Klaviers erheblich länger als die Saiten, die die hohen Töne erzeugen , da die Bässe bekanntlich eine größere Wellenlänge haben . Genau deswegen sind auch die Saiten eines Cellos länger als die Saiten einer Geige , und genau deswegen klingt ein Cello tiefer als eine Geige .

Schon jedes Atom , jeder Atomkern und jedes Elektron muß auch über eine Gravitation verfügen, da sie auch über eine Masse verfügen . Deswegen müssen die Gravitationswellen in den Atomen bzw. in ihren Bestandteilen entstehen können .

Da die Atome und erst recht ihre Bestandteile äußerst klein sind, sind sie nur in der Lage Wellen mit äußerst kleiner Wellenlänge zu erzeugen und keineswegs etwa Wellen mit großer Wellenlänge .

Wir wissen ziemlich viel über die anderen Elektromagnetischen Wellen, während wir über die Gravitationswellen fast gar nichts wissen.

 Z. B. wir wissen , daß die **Radio-Wellen durch die Schwingungen der losen Elektronen** zustande kommen, die **Ultraschallwellen durch die Schwingungen der**

Kristalle, ferner daß **das Licht durch die sogenannte Quantensprünge der Elektronen der äußeren Schale der Atome** entsteht, d.h. durch Elektronensprünge zwischen der äußersten Schale und der darunter liegenden Schale, die **Rö.-Strahlen durch Quantensprünge der Elektronen der inneren Schalen der Atome** und die **Gamma-Srahlen durch Schwingungen der   Kerne der Atome (genau deswegen wird die Wellenlänge von den Radiowellen bis zu Gamma-Strahlen immer kleiner) .**

Meiner Meinung nach handelt es sich bei den Gravitationswellen um Abstrahlungen der Materiewellen und kommen durch Schwingungen der Materiewellen zustande. Die Wellenlängen müssen demnach äußerst klein sein und im Bereich der Wellenlänge der Materiewellen liegen .   Beim Spektrum der elektromagnetischen Wellen sind die Gravitationswellen anzusiedeln unterhalb der Gamma-Strahlen   und praktisch am äußersten unteren Ende des Spektrums , wobei es nicht verwunderlich ist, daß sie völlig andere Eigenschaften haben , als die Gamma-Strahlen, nämlich keine Radioaktivität.   Die großen Eigenschaftsänderungen sind beim Spektrum der elektromagnetische Wellen die Regel, wie oben bereits ausführlich dargestellt .

Ich   schätze also die Wellenlänge der Gravitationswellen bei einem Bereich etwa in der Größenordnung der De-Broglie-Materialwellenlänge .

Auch bei den Gravitationswellen dürfte es sich innerhalb der
äußerst kleinen Wellenlänge um ein **Gemisch** von kleineren
und größeren Wellenlängen handeln, je nach der Art der
jeweiligen Materie (z.B. bei Fe, oder Cu od. Pb usw), ähnlich
z.B. wie das Licht.

Wir   haben   bekanntlich   **Erzeugungs-   und
Nachweismethoden für** die Wellen der anderen Bereiche
der elektromagnetischen Skala und auch für andere Wellen
(z.B. Schallwellen) , die durchaus verschiedene Arten von
Geräten erfordern., da sie sich teilweise stark voneinander
unterscheiden .

Z. B. die **Radiowellen erzeugen** wir durch **Radio-Sender**
(bestehend aus passiven und aktiven **elektronischen
Bauelementen**, wie Kondensatoren, Spulen , Röhren bzw.
Transistoren) und **empfangen durch Radio-Geräte bzw.
Tuner** (ebenfalls **elektronische Bauelemente**), die
**Lichtstrahlen werden z. B. durch Glühbirnen erzeugt
und durch unsere Augen bzw. durch lichtempfindliche
Filme empfangen bzw. nachgewiesen** , die **Rö.-Strahlen
werden durch Aufprall der Elektronenstrahlen** erzeugt
und **durch Fluoreszenz- Schirme bzw. geeignete Filme
nachgewiesen** , die **Gamma-Strahlen werden durch
radioaktive Substanzen erzeugt** und **durch die Gamma-
Kameras empfangen**.

In der nachfolgenden Tabelle ist dies alles nochmals
zusammengefaßt und übersichtlich dargestellt:

	Erzeugung	Nachweis
Schallwellen	Musikinstrumente, Kehlkopf	Ohren ,elektronische Bauelemente
Radiowellen	Elektronische Bauelemente	Elektronische Bauelemente
Ultraschallwellen	Kristalle	Kristalle
Licht	Erhitzung , Feuer, elektr. Strom, chem. Reaktion, Kernreaktion	Augen (Stäbchen und Zapfen d. Retina) , Film
Röntgen.-Strahlen	Aufprall von Elektronenstrahlen auf Metall	Fluoreszenz-Schirm ,Film
Gamma-Strahlen	Radioaktivität	Geiger-Zähler , Compton-Camera

Bei den Gravitationswellen besteht zunächst das Problem, daß wir keine geeigneten Empfangs- bzw. Nachweisgeräte dazu besitzen . Oder ?

Wenn wir einen **Stein** von oben auf die Erde fallen lassen, so wissen wir alle, daß er **senkrecht** auf die Erde fällt . **Also der Stein muß die Gravitationswellen bzw, die Gravitationsinformation empfangen können .**

Ein fallengelassener Stein auf dem Mond , auf Jupiter oder auf anderen Himmelskörpern wird im übrigen ebenfalls **senkrecht** fallen , unabhängig davon , ob diese Himmelskörper größer oder kleiner sind als die Erde und somit über größere oder kleinere Gravitationen verfügen .

Sowohl die Pflanzen, als auch die Tiere und erst recht die Menschen sind wohl in der Lage die Gravitation zu empfangen bzw. zu fühlen.

Es ist bekannt , daß die Pflanzen durchaus unterscheiden können, wo oben und wo unten ist . Z. B. die Pflanzen wurzeln immer nach unten , aber der Stiel bzw. die Pflanze selbst wächst immer nach oben Man könnte meinen, die Orientierung bzw. das Fähigkeit zwischen oben und unten zu unterscheiden würde durch das Licht verursacht . Es ist jedoch aufgrund von Versuchen nachgewiesen worden, daß die Pflanzen auch bei völliger Dunkelheit dazu in der Lage sind und zwar beim Keimen des Samens .

Die Pflanzen müssen also unterscheiden können , in welcher Richtung die **Schwerkraft** der Erde und somit in welcher Richtung die Gravitation der Erde verläuft

Auch die Tiere und erst recht der Mensch können sehr gut unterscheiden , wo, oben und wo unten ist, und zwar bei allen Körperpositionen und bei völliger Dunkelheit .

Auch solche Versuche sind selbstverständlich mehrfach durchgeführt worden.

Die Menschen und die höheren Tiere haben in ihrem **Innenohr** Rezeptoren in Form von winzigen kleinen kalkhaltigen Körnern (**Statolithen**) die durch die Gravitation der Erde angezogen werden und diese Signale an die darunter liegenden Haarzellen weiter übertragen, die die Signale ihrerseits durch den N. Statoakusticus an das Gehirn weiter leiten und so dafür sorgen, daß die Gravitation der Erde und ihre Richtung gespürt werden kann .

Wir haben ferner Rezeptoren in unserem gesamten Körper, die durchaus in der Lage sind festzustellen , in welcher Richtung die Gravitation verläuft und wie stark sie ist . Wir kennen alle das **Schweregefühl** .

wir wissen ferner aus der Raumfahrt, daß bei der Schwerelosigkeit die Muskulatur und die Knochen atrophisch werden. Deswegen können die Astronauten , die längere Zeit im Weltraum waren, nach ihrer Rückkehr am Anfang kaum gehen.

Auch diese **Rezeptoren** müssen die Gravitationswellen empfangen können .

Zusammengefaßt   wir Menschen, die Tiere und die Pflanzen sind wohl in der Lage die Gravitation und ihre Richtung zu empfangen und wahrzunehmen .

Die Evolution hat somit zumindest die höheren Lebewesen mit Empfangseinrichtungen   zum Empfang und Wahrnehmung der Gravitationswellen ausgestattet und laufend perfektioniert .

Die Tatsache, daß die Evolution auf der Erde bisher seit ca. 4 Milliarden Jahren im Gang ist und somit so lange Zeit hatte, dies zu perfektionieren, zeigt, daß bessere Empfangsmöglichkeiten für die Gravitationswellen schwer zu entwickeln sind .

Wie wir oben festgestellt haben, ist aber überhaupt jede Materie in der Lage die Gravitation zu empfangen .

Die Haupteigenschaft der Gravitationswellen ist eben die Schwerkraft, die sie übertragen, **genau so wie die Haupteigenschaft der Lichtwellen das Licht ist.**

Die Natur hat zum Empfang der Lichtwellen das Auge entwickelt und immer weiter perfektioniert , und dazu die Haupteigenschaft der Lichtwellen , nämlich das Licht bzw. die Helligkeit benutzt.

Die Haupteigenschaft der Gravitationswellen ist , wie bereits erwähnt ,die Schwerkraft , und dies hat die Natur , wie oben dargestellt, ebenfalls bestens zur Wahrnehmung der Gravitationswellen benutzt und perfektioniert.

Deswegen müssen wir , wenn wir geeignete Geräte zum Empfang der Gravitationswellen entwickeln wollen, logischerweise die Haupteigenschaft dieser Wellen, nämlich die Schwerkraft zu deren Nachwies und Messung benutzen. Dazu haben wir bekanntlich bereits geeignete Geräte, nämlich die **Waage**.

Es wäre interessant , in dieser Richtung zu forschen und versuchen z.B: erheblich präzisere Waagen zu entwickeln , um z:B. **Gravitationsschwankungen** festzustellen bzw. nachzuweisen .

Wenn wir aber noch einen Schritt weiter gehen und auch genau feststellen wollen , wie sie   z.B. aussehen und möchten ihre Wellenlängen feststellen und messen , **müssen wir z.B. mit verschiedenen Geräten Messungen durchführen an verschiedenen Orten , an denen zu erwarten ist, daß dieselben Wellen verschiedene Intensitäten haben (wie z.B. helles und dunkles Licht)** , da wir noch nicht genau wissen wie sie aussehen .

Kapitel 17

Meine Theorie

zur Ursache und Lösung der

Chaos-Phänomene

Chaos-Gesetze

Chaos-Phänomene gehören zu den neueren Entdeckungen und haben noch nicht einen ihrer Bedeutung angemessenen Platz in der Wissenschaft gefunden.

Es handelt sich dabei um faszinierende und äußerst rätselhafte Erscheinungen , deren immense Bedeutung für die Natur und für das gesamte Universum noch nicht ausreichend erkannt worden ist und deren Ursache bisher völlig im Dunkeln lag.

Chaos-Gesetze :

Faktor Entfernung oder Distanz (Nr. 1 und 2):

1. Im Nahbereich , bei kleinen nahen Distanzen bzw. Entfernungen und in den Bereichen **der kleinen und der mittleren Größen sind Lokalisationsbestimmungen und Vorhersagen aufgrund von Formeln im allgemeinen gut möglich , die Unschärfre ist dort äußerst gering.** Dies haben z.B. die **Pendelversuche** gezeigt . Ein weiteres Beispiel wäre eine **Schraubenfeder** , die mit verschiedenen Gewichten belastet wird . Durch diese Schraubenfeder sind exakte Berechnungen und vorhersagen in kleinen und mittleren Bereichen möglich, aber im Überdehnungsbereich , also in relativ größeren Bereichen wird der Zustand chaotisch, genauere Berechnungen und Vorhersagen sind nicht mehr möglich .

Das ist dadurch bedingt, daß mit größer werdender Entfernung bzw. Distanz weitere Faktoren hinzu kommen , die nicht vorhersehbar und nicht bekannt waren , schon kleinste Veränderungen können zu ganz anderen Ergebnissen führen . In diesen Bereichen kann nur mit **Wahrscheinlichkeiten** gearbeitet werden . Oder bei dem Beispiel Schraubenfeder wird durch Überdehnung der Linearitätsbereich verlassen .

2. Bei größer werdenden Distanzen und Entfernungen werden die Vorhersagen und Lokalisationen immer unschärfer , s. Abb.1 :

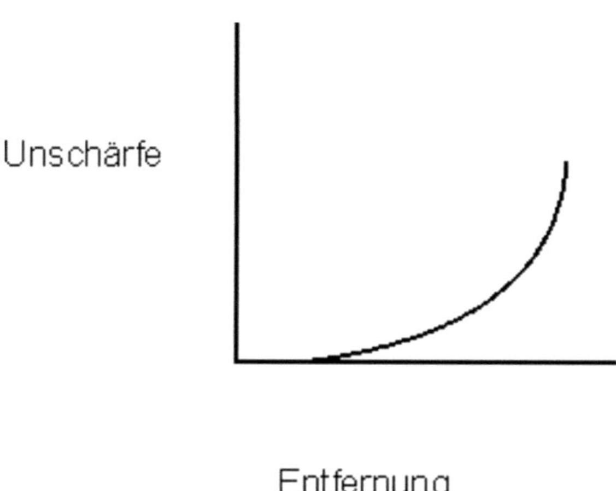

Abb. 1

Auch hier können der **Pendelversuch** und die **Schraubenfeder** als Beispiele erwähnt werden .

Bei größeren Entfernungen wird die Unschärfe u.a. auch deswegen immer größer , da die Wahrscheinlichkeit immer weiter zunimmt, in chaotische Phasen hineinzukommen bzw. sie zu durchlaufen.

Diese Tatsache, daß die **Entfernung bzw. die Distanz** bei der Frage der beschränkten Möglichkeit exakte Vorhersagen machen zu können , von

155

fundamentaler Bedeutung ist , spielt insbesondere im Bereich der Astronomie eine äußerst wichtige Rolle , da bei der Astronomie es sich   im allgemeinen um riesigen Entfernungen und Dimensionen von Lichtjahren handelt . **Deswegen müsste es selbstverständlich sein, daß insbesondere im Bereich der Astronomie exakte vorhersagen und Berechnungen mit sehr großer Unsicherheit behaftet sein müssen .**

Faktor Zeit (Nr. 3 und 4):

3. Je kleiner der Zeitablauf, umso größer ist die Exaktheit der Vorhersagen und   Lokalisationen .

4. Und umgekehrt je größer der Zeitablauf, umso größer die Unschärfe und die   Unexaktheit der Ereignisse.

Die meisten Formeln enthalten keinen Zeitfaktor und berücksichtigen somit die Zeit überhaupt nicht .

Je länger aber Zeit verstreicht , desto **unexakter** muß das Ergebnis der Berechnung bzw. die Vorhersage sein , **da je länger die Zeit ist , die dazwischen liegt, umso größer haben verschiedene nicht vorhersehbare Zufälle und Faktoren die Möglichkeit einzuwirken und umso öfters besteht**

die Wahrscheinlichkeit chaotische Phasen zu durchlaufen (vergl. meine nachfolgende Theorie), s. Abb. 2 :

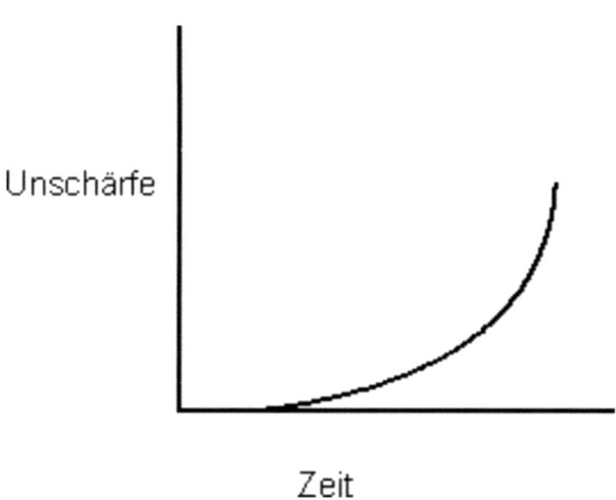

Abb. 2

Solange es sich um Minuten, Stunden , Monate oder Jahre handelt, mögen diese Unschärfen noch klein sein , die Sache wird aber extrem wenn es sich um Jahrhunderte, Jahrtausende , Millionen oder sogar Milliarden von Jahren handelt .**Durch den Faktor Zeit kann dadurch ein Ergebnis so beeinflusst werden , daß dadurch auch nicht ungefähr ein Ergebnis vorausberechenbar oder voraussehbar wird .**

Ich habe mich immer stark gewundert, daß einige Astronomen versuchen durch Formeln die

genauen Einzelheiten, die genauen Verhältnisse ,
die genauen Parametern und einzelne Zahlen zur
Zeit des unterstellten sogenannten Urknalls , also
vor mindestens ca. 10-15 Milliarden   Jahren zu
berechnen und sogar noch einen Schritt weiter
gehen und meinen die Richtigkeit einzelne
kosmologischen Theorien alleine durch einige
Formeln überprüfen zu können .

Oder es wird immer wieder versucht, durch bloße
Formeln Zahlen zu ermitteln über einzelne Sterne ,
die mehrere Milliarden Lichtjahre von uns entfernt
sind.

Welchen Wert diese Berechnungen haben geht
aus den obigen Ausführungen eindeutig hervor .
Danach durfte der Wert nicht allzu groß sein .

5. Ein Chaos kann wieder in einen
Ordnungszustand übergehen und umgekehrt ein
Ordnungszustand kann jederzeit wieder chaotisch
werden.   Dies scheint sogar die Regel zu sein .

 Diese Übergänge können sich oft wiederholen .

Das ist auch einer der Gründe , weshalb der Zeitfaktor
eine wichtige Rolle spielt bei dem Ausmaß der
Unschärfe , da je länger Zeit verstreicht ,   um so
häufiger Chaos-Zustände durchlaufen können

6. Bevor ein Ordnungszustand in einen Chaotischen Zustand übergeht gibt es öfters bestimmte Alarmzeichen. Eines dieser Alarmzeichen ist die Verdopplung der Periode (d.h. Verlangsamung um die Hälfte) ,s. Abb. 3 :

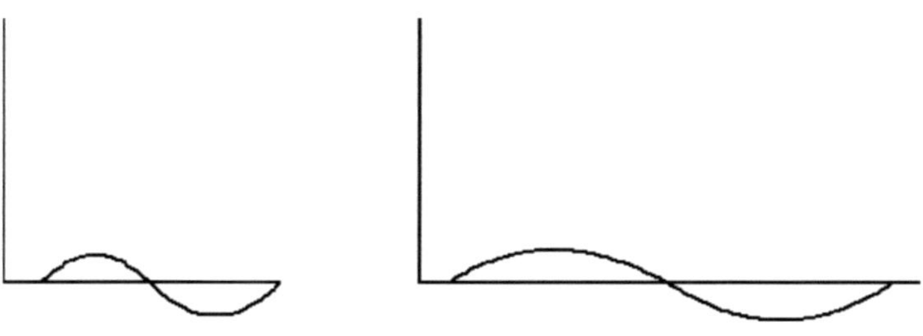

Abb. 3

7. Auch bei einem Chaos-Zustand ist nicht alles total chaotisch, sondern es gibt auch dort durchaus eine gewisse Ordnung bzw. bestimmte Regeln .

Wenn wir z.B. bei dem schon erwähnten **Pendelversuch** die Ergebnisse des Experiments aufzeichnen, werden wir sehen, **daß auch das Chaos nach einem bestimmten Muster vor sich geht .**

Ein weiteres Beispiel wären die **Sterne am Himmel**.
Ihre Positionen sind zwar aus dem Chaos –Zustand
zufällig hervorgegangen , bei genauen Hinschauen
werden wir aber auch dort ein **bestimmtes Muster**
feststellen (vergl. auch **meine wissenschaftliche
Arbeit über „ Die Verteilung der Sterne).**

**Ein 3 . ebenfalls sehr gutes Beispiel wäre die
Sonnenaktivität** , die bedingt ist durch das
Magnetfeld der Sonne   . Wir wissen, daß das
Magnetfeld der Sonne chaotisch ist . Innerhalb
dieses Chaos gibt es aber eine Regelmäßigkeit,
derart daß die **Sonnenaktivität** und somit auch das
Magnetfeld einen regelmäßigen **11-jährigen Zyklus**
zeigt , d.h. alle 11 Jahre ein Maximum aufweist .

8. Nicht alle Systeme verhalten sich gleich.
Es gibt Systeme , die im allgemeinen gut
berechenbar und recht stabil sind , sodaß
Vorhersagen auch über längere Zeiträume gut
möglich sind. Hier sind z.B. die Planetenbahnen
unseres Sonnensystems zu erwähnen.

Es gibt aber Systeme , bei denen öfters chaotische
Zustände auftreten bzw. bei denen chaotische Phasen
überwiegen , sodaß hier Vorhersagen fas unmöglich
sind.

Es gibt auch Systeme, die dazwischen liegen .

Meine Theorie über die Ursache des Chaos-Phänomens :

Die Materie bzw. Elementarteilchen und ihre Bestandteile befinden sich ständig in einem Schwingungszustand zwischen dem materiellen und dem Energiezustand (immateriellen Zustand). Es handelt dabei um äußerst schnelle Schwingungen , wie bei den Materiewellen

$$M \leftarrow \rightarrow E$$

Wir wissen seit de Broglie, daß Materie aus Materiewellen besteht . Jede Welle besteht bekanntlich aus sogenannten Knoten und Bäuchen .

Diesen Zustand der Materie kann man sich vorstellen als eine Art **Resonanzzustand** .

Gemäß meiner Theorie sind die Knoten vergleichbar mit dem materiellen Zustand, und die Bäuche mit dem Energiezustand der Materie.

Außerdem bewegen sich die Teilchen und ihre Bruchteile sehr unregelmäßig, nach den Wahrscheinlichkeitsgesetzen.

Die Teilchen befinden sich somit ständig in Umwandlung und Änderung. Ein Teilchen ist nicht einmal Bruchteile einer Sekunde später das, was es vorher war

Die Materie ist deswegen gleichzeitig sowohl materiell als auch immateriell, d.h. sie hat gleichzeitig materielle und immaterielle Eigenschaften, wie wir oben dargestellt haben .

Exakt diese Schwingungen zwischen dem materiellen und Energiezustand der Materie sind auch die Ursache der Chaos-Phänomene .

Der materielle Zustand ist ein **geordneter** und relativ stabiler Zustand , während der Energiezustand bzw. der Wellenzustand einen **ungeordneten Zustand** darstellt , wie man sich leicht vorstellen kann . Die Materie schwingt deswegen ständig zwischen einem geordneten und einem ungeordnetem d.h. **chaotischen Zustand** , und trägt deswegen buchstäblich in sich neben einer geordneten , auch eine **chaotische Anlage . Dies ist der Materie sozusagen angeboren .**

Das ist die Ursache der Chaos-Phänomene nicht nur auf unserem Planeten , sondern auch im ganzen Universum .

Dies erklärt gleichzeitig auch weshalb die Chaos-Phänomene so verbreitert sind und überall anzutreffen sind , weil es zu den Grundeigenschaften der Materie gehört , auch chaotisch zu reagieren . Es wäre geradezu völlig unverständlich, wenn die Chaos-Phänomene nicht existieren würden .   ·

Diese Theorie erklärt gleichzeitig auch sämtliche Chaos-Gesetze (vergl. meine wissenschaftliche Arbeit über die Chaos-Gesetze) .

So kann man auch sehr gut verstehen, weshalb z.B. die berechenbaren geordneten Zustände sich mit den chaotischen Zuständen abwechseln , weshalb mit der Länge der Zeit und der zunehmenden Entfernung auch die Chaos-Phänomene zunehmen .
So ist auch jetzt völlig verständlich , weshalb die geordneten Zustände in chaotische Zustände übergehen können und umgekehrt .

Wir sollten aber eines hier nicht versuchen, was vielfach versucht wird , **nämlich nicht versuchen auch für die Chaos-Phänomene Formeln bzw. Gleichungen zu entwickeln** , um z.B. Berechnungen vorzunehmen oder um Vorhersagen machen zu können . Wenn wir das versuchen, dann haben wir das gesamte Fundament und das gesamte Wesen der Chaos-Phänomene nicht verstanden .

Insbesondere die Chaos-Phänomene und überhaupt die ganze Natur und das ganze Universum lassen sich keine Fesseln anlegen . Dies hat auch durchaus **einen tieferen Sinn** :   Wäre es nicht so, so hätte das Universum und die ganze Natur keineswegs diese ganze Vielfalt zustande bringen können , die wir heute sehen .

Die ganze Natur und das ganze Universum müssen sich frei entwickeln und entfalten können, um diese Vielfalt zu erreichen. Jegliche Formeln und Gleichungen würden Hemmschuhe darstellen. Die Natur braucht viel Phantasie und Zufall . Ohne sie hätte das Universum nicht viel zustande bringen können .

Andererseits braucht das Universum gleichzeitig auch eine gewisse Ordnung . Z.B. die Bahnen der Planeten unseres Sonnensystems brauchen unbedingt eine gewisse Ordnung und Stabilität , d.h. ziemlich stabile Bahnen . Auch die Entwicklung des Lebens setzt ziemlich stabile Bedingungen voraus . Z.B. allzu große Temperaturschwankungen , insbesondere Verschiebungen der Temperatur in erheblich höheren Bereichen wären tödlich und würden jegliches Leben auslöschen .

Die Tatsache, daß unsere Erde mittlerweile seit ca. 4,6 Milliarden Jahre existiert und seit ca. 4 Milliarden Jahren Leben darauf entstanden ist , das sich im Laufe der Evolution konsequent weiterentwickelt hat, zeigt, daß im Universum durchaus auch geordnete und ziemlich stabile Zustände über längere Zeiträume existieren und sich etablieren können .

Es bleibt an dieser Stelle nochmals nachzudenken über den Sinn unserer gesamten Formeln . Diese, Problematik war aber bereits Gegenstand des Kapitels 2, weshalb hiermit darauf verwiesen wird.

Kapitel 18

Das Erscheinungsbild des Universums

Meine Theorie des reell-virtuellen Erscheinungsbildes des Universums

Die meisten bisher existierenden Weltmodelle der letzten Jahrzehnte gehen davon aus, daß der Raum gekrümmt ist . Sie sind meistens äußerst kompliziert , teilweise sogar **chaotisch** und kaum vorstellbar , wie die betreffenden Entwerfer selbst zugeben. So sind z.B. sattelförmige Modelle entworfen worden . Sie sind außerdem so bizarr und künstlich, daß sie einer gründlichen Überlegung nicht statt halten und im Grunde mit der Natur überhaupt nicht vereinbar sind und deswegen völlig unwahrscheinlich erscheinen.

Meine nachfolgend beschriebene Theorie und mein nachfolgend beschriebenes Modell sind sehr logisch aufgebaut und dürften deswegen auch für die meisten von uns durchaus plastisch vorstellbar sein .

Meine Theorie des reell-virtuellen Erscheinungsbilde des Universums:

Eine Sache möchte ich hier vorweg klarstellen : **Es gibt keine Raumkrümmung , d.h. der Raum kann nicht krumm sein** . Ich habe **in meinem Buch „Ist die allgemeine Relativitätstheorie von Einstein richtig ?, meine energetische Relativitätstheorie"** ausführlich auf diese interessante Thematik eingegangen und ausführlich dafür Beweis geführt, weshalb der Raum nicht krumm sein kann und habe ebenfalls bewiesen, daß die allgemeine Relativitätstheorie von Einstein nicht richtig ist . Da die Thematik sehr umfangreich ist und den Rahmen dieses Buches sprengen würde, möchte ich deswegen hiermit darauf verweisen .

Es ist bekannt, daß das Licht und auch die anderen elektromagnetischen Wellen durch die Gravitation abgelenkt werden, d.h. ihre Bahnen werden gekrümmt (s. Abb.1) :

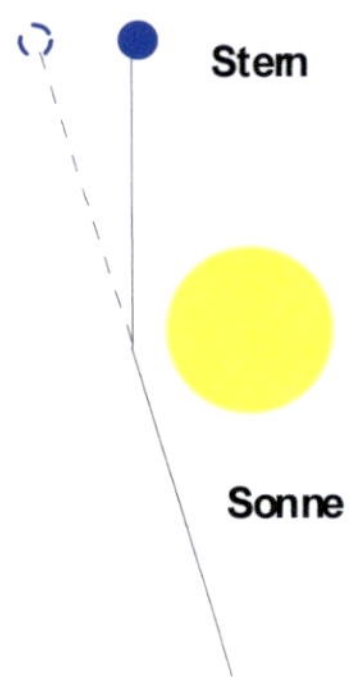

Abb. 1

Der Grund liegt aber nicht darin, daß etwa der Raum krumm wäre, wie von Einstein behauptet und von vielen einfach übernommen . Der Grund liegt vielmehr darin, daß bei dem Licht und auch bei den übrigen elektromagnetischen Wellen es sich um Energiewellen handelt , und daß die Energiewellen genauso wie die Masse durch die Gravitation angezogen und somit abgelenkt werden , etwa vergleichbar mit der Ablenkung bzw Brechung der Lichtstrahlen durch Linsen (wohl mit dem Unterschied, daß die Ablenkung durch die Linse durch die Dichteunterschiede entseht und nicht durch die Gravitation) .

Warum das so ist , habe ich im Rahmen der **Kapitel 13 „ Ist das Newtonsche Gravitationsgesetz richtig ? „ , 14 „Verfügt die Energie auch über eine Gravitation ?„** und **Kapitel 12 „Meine Energetische Relativitätstheorie"** ausführlich erklärt ,dafür ebenfalls Beweis geführt und dabei auch **meine neue Gravitationsformel** vorgestellt , weswegen hiermit darauf verwiesen wird.

Durch die Ablenkung der Lichtstrahlen und der anderen elektromagnetischen Wellen durch die Gravitation muß das Universum zumindest von vielen Stellen gesehen **virtuell** erscheinen , d.h. wenn wir uns den Himmel betrachten, befinden sich viele Sterne , die wir sehen, in Wirklichkeit gar nicht dort, wo wir sie sehen, sondern sie sind versetzt . Ihre Lagen sind also **nicht reell** , **sondern virtuell.**

Wir wollen nun Schritt für Schritt vorgehen und versuchen uns vorzustellen , wie unser Universum wirklich aussieht.

Wir müssen zunächst unterscheiden zwischen:

1. Virtuelles Erscheinen des Universums durch den Weltraum .

2. Virtuelles Erscheinen des Universums durch die Besonderheiten des Beobachtungsorts .

3. Virtuelles Erscheinen durch die Besonderheiten des Ortes, der beobachtet wird.

1. Virtuelles Erscheinen des Universums durch den Weltraum :

Es ist sehr wichtig sich zunächst klarzumachen , daß logischerweise **eine Ablenkung der Strahlen nur dort**

vorhanden sein   kann, wo keine Symmetrie bzw. Gleichgewicht der Kräfte existiert , d.h. wo die Gravitationskräfte nicht symmetrisch von 2 Seiten wirken und sich so voll kompensieren .

Wir   fangen zunächst **2-dimensional** an und betrachten uns zunächst einen **Kreis** (s. Abb. 2). Bei einem Kreis teilen bekanntlich alle **Durchmesser** des Kreises den Kreis in jeweils 2 gleiche Teile , d.h. alle Durchmesser teilen den Kreis in 2 **gleich große Hälften** bzw. **2 gleich große Flächen**. Es entstehen also immer 2 **Symmetrie-Ebenen** bzw. 2 völlig gleichwertige Flächen .

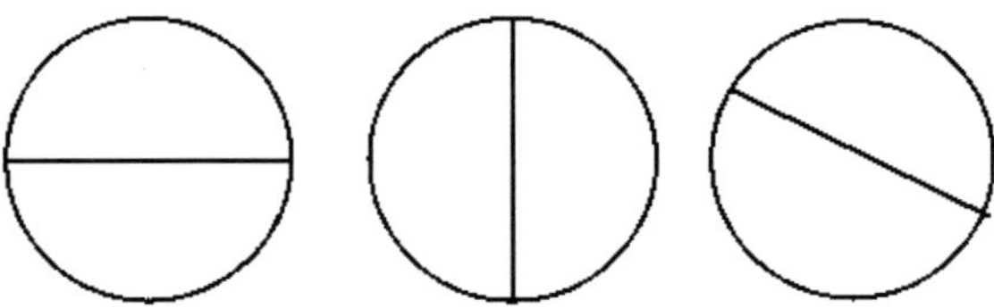

Abb. 2

Anders ist mit allen andern Linien , die **nicht** durch das Zentrum des Kreises gehen. Sie teilen **niemals** den Kreis in 2 gleiche große Hälften bzw. 2 gleich große Flächen (s.

169

Abb. 3) . Deswegen können dadurch **niemals 2 Symmetrie-Ebenen entstehen (Asymmetrie).**

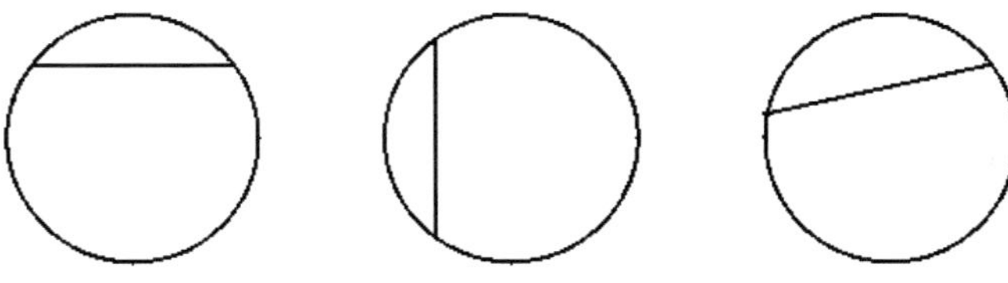

Abb. 3

Es ist wichtig, daß Sie darüber nachdenken und sich das klarmachen.

Wenn irgendwelche Kräfte z.B. **Gravitationskräfte** in dem Kreis vorhanden wären, gleichmäßig verteilt auf die gesamte Fläche des Kreises , so könnten sie **nicht** zu einer Ablenkung bzw. Krümmung eines Lichtstrahles führen, der **entlang des Durchmessers** des Kreises läuft , da jeweils die Kräfte von rechts und links sich kompensieren würden, da sie gleich groß also **symmetrisch** wären, sondern würden nur zu einer Krümmung der Lichtstrahlen führen, die **entlang aller übrigen Linien** laufen , da die Kräfte von 2 Seiten nicht gleich wären (**Asymmetrie**) .

Nachdem wir uns mit den Verhältnissen auf einer 2-dimensiional Ebene vertraut gemacht haben, gehen wir einen Schritt weiter und beschäftigen uns mit **3-dimensionalen** Zuständen .

Stellen Sie sich eine Kugel vor, damit Sie einen Eindruck bekommen von einem 3-dimensionalen Raum .

Schon ein Kreis hat viele Durchmesser . Aber bei einer Kugel ist die Zahl der Durchmesser erheblich größer , da es sich dabei praktisch um einen dreidimensionalen Kreis handelt , wobei jede Dimension über so viele Durchmesser verfügen kann , wie ein Kreis .

Die Verhältnisse sind ähnlich wie bei einem Kreis . **Jeder Durchmesser** teilt die Kugel innerhalb jeder gedachten Ebene **in 2 gleiche Teile bzw. Ebenen** . Es handelt sich auch hier um **Symmetrie-Ebenen   bzw. völlig gleichwertige Flächen** .

Gleichmäßig verteilte **Gravitationskräfte** innerhalb der Kugel könnten auch hier **nicht** zu einer Ablenkung bzw. Krümmung eines Lichtstrahles führen, der **entlang eines Durchmessers** der Kugel läuft , da jeweils die Kräfte von rechts und links bzw. hinten und vorne sich kompensieren würden, da sie gleich groß wären, sondern sie würden nur zu einer Krümmung der Lichtstrahlen führen, die **entlang aller übrigen Linien** laufen , da die Kräfte von 2 Seiten nicht gleich wären.

Es ist wichtig sich das klarzumachen: **Alle Lichtstrahlen und sonstige elektromagnetischen Wellen entlang aller Durchmesser der Kugel** verlaufen und bleiben stets **geradlinig** , weil sie , ähnlich wie bei einem Kreis, symmetrisch sind und von allen Seiten unter der Einwirkung der gleich starken Gravitationskräfte stehen , d.h. sie werden nicht abgelenkt bzw. gekrümmt, **während die Lichtstrahlen und sonstige elektromagnetische Wellen, die entlang aller anderen Linien verlaufen , mehr oder weniger abgelenkt bzw. gekrümmt werden**

Wir wissen, daß das Universum kugelförmig ist (vergl. meine DPNS-Theorie) , und ferner daß die Materie bzw. die Gravitation innerhalb des Universums **insgesamt** gesehen gleichmäßig verteilt ist , abgesehen von örtlichen Ungleichmäßigkeiten (**vergl. u.a. meine wissenschaftliche Arbeit „ Verteilung der Sterne und Galaxien " .**

Wäre das nicht so, so wäre das Universum schon längst durch massive Zusammenstöße der Galaxien und Sterne zusammengebrochen und zerstört worden

Wenn wir also **entlang eines Durchmessers bzw. Radius des Universum** die Ferne betrachten, so   sind die gesehenen Bilder **völlig reell** , da   die **Lichtstrahlen** völlig **geradlinig** verlaufen, während die Beobachtung des Universums **entlang aller anderen Linien virtuelle Bilder** liefert, d.h. die Bilder (Sterne , Galaxien) erscheinen zumindest verschoben , da die **Lichtstrahlen abgelenkt** bzw. gekrümmt werden .

Also nur die Betrachtung des Universums entlang der Durchmesser liefert ein absolut reelles und naturgetreues Bild (d.h. das wirkliche Bild des Universums) , **während die Betrachtung entlang aller anderen Linien , also in allen anderen Richtungen zu virtuellen Bildern führt,** da die Bilder zumindest versetzt bzw. verschoben sind (d.h. z.B. daß die Sterne sich tatsächlich nicht an den Stellen befinden, wo sie gesehen werden.

Diese virtuellen Verhältnisse gehen sogar noch weiter, weil die gesehenen Objekte (z.B. Sterne oder Galaxien) ganz anders aussehen können oder erst gar nicht zu existieren brauchen, da sie doppelt oder sogar mehrfach abgebildet werden können . Warum ? Die Antwort folgt gleich.

So ein Universum besteht praktisch aus vielen ineinander verschachtelten Kugelschalen . Wenn wir nun versuchen, von einer Kugelschale, worauf wir z.B. stehen, einen Stern zu betrachten , der sich auf einer höheren oder tieferen Schale befindet, so kann der Lichtstrahl , der uns mit diesem Stern verbindet , nicht geradeaus bzw. geradlinig, sondern bogenförmig verlaufen, so daß der Stern , den wir so sehen, tatsächlich nicht dort zu stehen braucht, wo wir ihn sehen, sondern anderswohin verschoben sein kann .

Es gibt einen einzigen Ort im Universum , von wo das gesamte Universum in allen Richtungen völlig naturgetreu und reell gesehen **werden kann** . Wenn Sie   dieses Modell gut verstanden haben , werden Sie jetzt wissen, wo das ist, nämlich das **Zentrum** des Universums .

Abb. 4   zeigt , wie so ein Universum bei der Betrachtung vom **Zentrum** aussieht.   **Von dort sieht es also in allen Richtungen ganz normal und naturgetreu bzw. reell aus:**

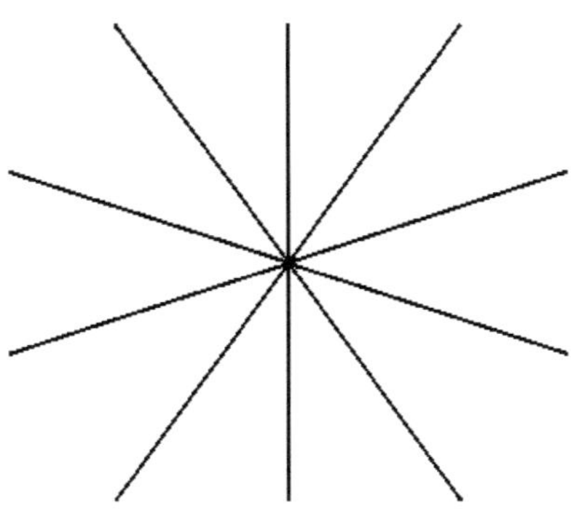

Abb. 4

Abb. 5 zeigt , wie das Universum **von allen anderen Orten** des Universums aussieht , z.B. von unserer Erde (kl. Kugel in der Bildmitte) aus :

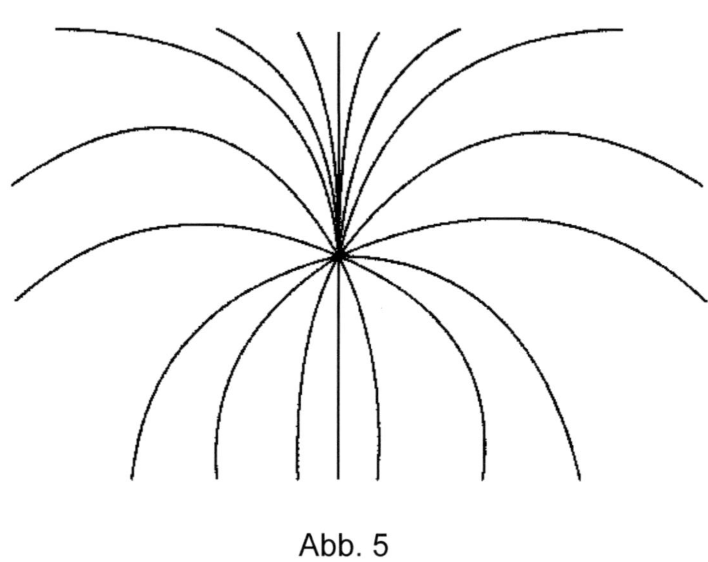

Abb. 5

Sie sehen, daß es ganz anders aussieht (hat im übrigen gewisse Ähnlichkeiten zum   Linienfeld eines Magneten) . **(Bei den dargestellten Linien handelt es sich im übrigen um abgelenkte Lichtstrahlen bzw. elektromagnetische Wellen).**

Die **senkrechte Linie** (die auf der Abb. 4 von oben nach unten verläuft) ist die Linie, die zum Zentrum des Universums läuft, ist also **ein Durchmesser bzw. Radius des Universums , und läuft deswegen völlig geradlinig** (Diese Linie führt nach unten zum Zentrum und nach oben zum Rand des Universums).

Wir müssen uns klar machen, daß **von jedem** **Punkt des Universums** **nur eine einzige** Linie zum Zentrum des Universums führen kann, d.h. es gibt jeweils **nur einen** Durchmesser des Universums, der durch diesen Punkt führt .

Alle andere Linien , die durch diesen Punkt führen, führen nicht zum Zentrum des Universums und deswegen werden alle Lichtstrahlen und sonstige elektromagnetische Wellen, die entlang deren verlaufen aus den oben dargestellten Gründen abgelenkt bzw. gekrümmt .

Alle Linien im oberen rechten Bereich des Bildes sind **linkskonvex**, da die **Gesamtgravitation dort rechts stärker ist als links** . Deswegen erscheinen alle dort vorhanden Objekte **nach links** (zum Durchmesser hin) **verschoben** (vergl. zum Klarmachen Abb.1 , Ablenkung der Strahlen des Sterns , achten Sie bitte auf die dadurch resultierte linkskonvexe Kurve und ferner darauf , in welcher Richtung der Stern verschon erscheint) .

Alle Linien im oberen linken Bereich des Bildes sind **rechtskonvex**, da die **Gesamtgravitation dort links stärker ist als rechts** . Deswegen erscheinen alle dort vorhanden Objekte **nach rechts** (zum Durchmesser hin) **verschoben** .

Alle Linien im unteren rechten Bereich des Bildes sind **rechtskonvex**, da die **Gesamtgravitation dort links stärker ist als rechts.** Deswegen erscheinen alle dort vorhanden Objekte **nach rechts** (weiter weg vom Durchmesser) **verschoben .**

Alle Linien im unteren linken Bereich des Bildes sind **linkskonvex**, da die **Gesamtgravitation dort rechts stärker ist als links .** Deswegen erscheinen alle dort vorhanden Objekte **nach links** (weiter weg vom Durchmesser) **verschoben.**

Ab. 6   verdeutlicht das nochmals , und **zeigt jeweils in welcher Richtung die Sterne am Himmel verschoben sind** (die Kugel in der Mitte ist der Beobachtungsort bzw. die Erde , die senkrechte Linie ist ein Durchmesser bzw. ein Radius des Universums und führt nach unten ins Zentrum des Universums) :

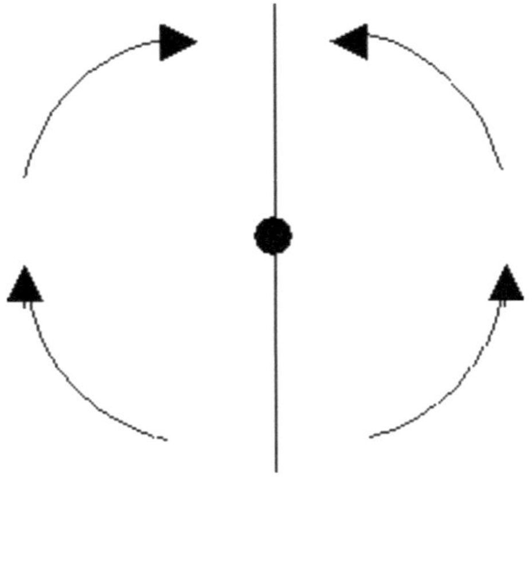

Abb.6

Es gibt also für jeden Punkt bzw. jeden Ort des Universums (natürlich mit Ausnahme des Zentrums) nur <u>eine</u> Linie , die, wenn entlang ihr beobachtet wird, reelle Bilder liefert, während alle andere Linien keine reellen , sondern virtuelle Bilder liefern können ,da alle Lichtstrahlen und sonstige elektromagnetische Strahlen, die entlang deren verlaufen , je nachdem ob sie sich in der Nähe dieses Radius befinden oder weiter davon entfernt , weniger oder mehr abgelenkt bzw. gekrümmt werden.

Es können so sogar Doppelbilder der Sterne und Galaxien am Himmel entstehen:

1. wenn der betreffende Stern oder die betreffende Galaxie einmal von der einen und einmal von der anderen Richtung gesehen wird (weil die Lichtstrahlen somit rund laufen können)

2. durch den sogenannten Fata-Morgana-Effekt durch Totalreflexion. Solche Bilder wären dann spiegelbildlich zum dem Original verdreht , evt. heller oder dunkler, mit verschiedenen Rotverschiebungen, hätten aber die gleiche Zusammensetzung und somit gleiche Grund-Spektrallinien der Elemente, wodurch sie identifiziert werden könnten.

Wir können uns dieses Erscheinungsbild des Universums evt. besser vorstellen, wenn wir uns an die Brechung des Lichtes erinnern und uns ein **kugelförmiges , voll mit Wasser gefülltes, Aquarium vorstellen mit einem Fisch**, der einmal seine Umwelt vom Zentrum des Aquariums betrachtet und ein anderes Mal von einem anderen Punkt außerhalb des Zentrums . (s. Abb. 8 und 9) .

Die Phänomene der **Brechung des Lichtes** einerseits ,und **Ablenkung bzw. Krümmung der Lichtstrahlen durch die Gravitation** und deren Gesetze andererseits, sind zwar selbstverständlich grundverschieden , für die bessere Vorstellung dieses Modells des Universum ist jedoch die Brechung des Lichtes ein gutes Modell , da die Wirkungen ähnlich sind , selbstverständlich ohne daß sie miteinander etwas zu tun hätten.

Wir wissen aus der Physik, daß gemäß dem Brechungsgesetz ein Lichtstrahl , der aus einem optisch weniger dichten Medium, wie **Luft** in ein optisch dichteres Medium wie **Wasser** eindringt, gebrochen wird , und zwar so, daß der Austrittswinkel (d.h. der **Winkel** zwischen dem austretenden Strahl und der senkrechten Linie) **kleiner** wird als der Eintrittswinkel (d.h. der Winkel zwischen dem eindringenden Strahl und der senkrechten Linie), dies bedeutet, daß der Strahl sich mehr der senkrechten Linie nähert, d.h. der Strahl rückt näher der senkrechten Linie im Bezug auf die Oberfläche des Mediums . Nur wenn der Strahl senkrecht auf die Oberfläche auftritt, geht in derselben Richtung im Wasser weiter, d.h. es findet keine Brechung statt (s. Abb. 7) :

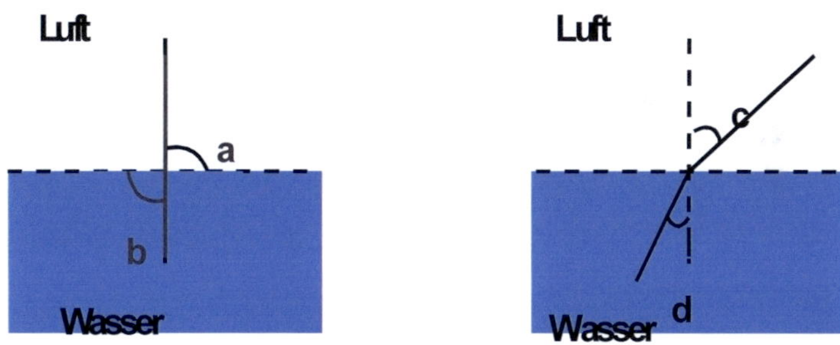

Abb. 7

Umgekehrt wird der Winkel größer, wenn der Strahl aus dem Wasser in die Luft eindringt. Beim senkrechten Eintritt geht der Strahl auch hier geradeaus weiter . (das Phänomen der Totalreflexion bleibt hier unberücksichtigt, da dies bei unserm Beispiel keine Rolle spielt).

Es handelte sich bis jetzt um eine glatte Oberfläche , wie z.B. die glatte Oberfläche eines normalen Aquariums .

Wir stellen uns nun ein **kugelförmiges Aquarium** vor, natürlich gefüllt mit Wasser . Wir vergegenwärtigen uns die Gesetze der Brechung des Lichtes . Jeder Strahl ,der senkrecht auf die Grenzfläche trifft, (alle diese senkrechte Linien gehen gleichzeitig durch das Zentrum der Kugel , da sie gleichzeitig die Durchmesser der Kugel sind) wird nicht gebrochen , sondern geht geradeaus weiter, während alle andere Strahlen mehr oder weniger gebrochen werden, und zwar je nachdem ob sie mit einem kleinen oder großen Winkel auf die Grenzfläche treffen. Nur die Brechungskraft wird durch die Krümmung der Oberfläche der Kugel noch größer.

Wenn nun ein Fisch sich in so einem kugelförmigen Aquarium aufhält und sich genau im Zentrum des Aquariums befindet, so würde er die Umgebung des Aquariums ganz reell sehen, da alle Lichtstrahlen , die ins Zentrum laufen senkrecht auf die Fläche treffen und somit geradeaus und ungebrochen ins Zentrum laufen (s. Abb. 8):

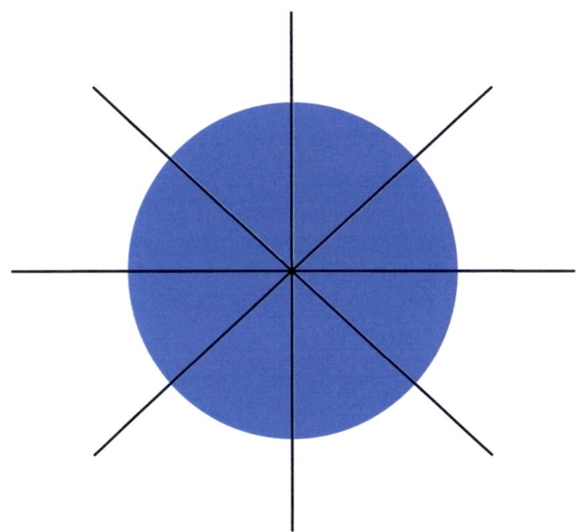

Fisch im Zentrum

Abb. 8

Alle andere Lichtstrahlen treffen jedoch die Grenzfläche mehr oder weniger mit kleinerem oder größerem Winkel als 90 Grad und werden deswegen gebrochen (mit Ausnahme von jeweils einem Strahl) , **so daß unser Fisch die Umwelt mehr oder weniger virtuell verfälscht und verschoben sieht , wenn er sich in allen anderen Stellen des Aquariums befindet (s. Abb. 9):**

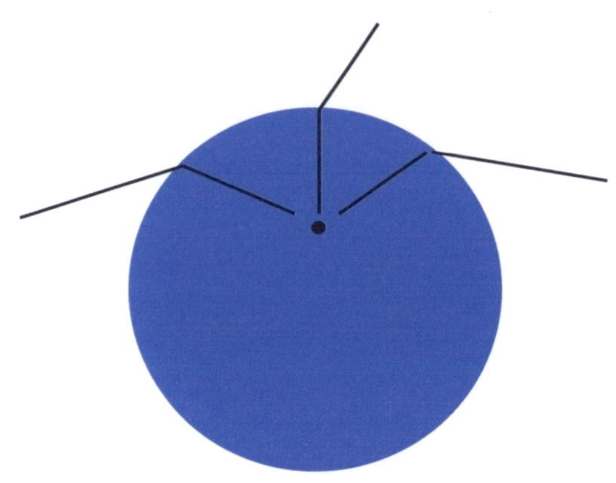

Fisch exzentrisch

Abb. 9

Der Fisch meint, die Objekte würden entlang der Linien stehen, die der Verlängerung der Linien entsprechen , die in Abb. 9 im Wasser gezeichnet sind . Das ist jedoch eine Täuschung, da die Objekte tatsächlich , wie aus der Abb. hervorgeht, nicht dort stehen, sondern entlang der gebrochenen Linien , d.h. dort, wo die gebrochenen Linien enden. Der Fisch würde also die Objekte nicht da sehen, wo sie tatsächlich stehen, also **nicht reell , sondern verschoben , d.h. virtuell .**

Wenn Sie dieses Modell gut verstanden haben , so werden Sie jetzt wissen und sich vorstellen können, daß

das Universum   nur vom Zentrum aus betrachtet, kugelförmig, überall ganz **reell** und unverfälscht aussieht, **aber** von jedem anderen Punkt beobachtet **virtuell** aussieht . Durch jeden dieser Punkte bzw. Orte des Universums geht aber ein einziger Durchmesser   bzw. Radius des Universums durch, entlang dessen beobachtet ,alles **reell** aussieht.

Nur vollständigkeitshalber möchte ich noch erwähnen , daß es möglich ist, daß die jeweiligen Lichtstrahlen der Objekte, z.B. der Sterne, auf ihrem Wege von dem Objekt bis zu uns, zufällig in die Nähe einer größeren Gravitation kommen könnten , die zufällig da wäre (z.B. ein sehr großer Stern) . Dadurch können selbstverständlich die Strahlen einseitig etwas abgelenkt werden.   Da jedoch solche massive   Gravitationen   nach   den Wahrscheinlichkeitsgesetzen nicht nur auf der einen Seite dieser Lichtstrahlen , sondern auf beiden Seiten ihres **langen** Weges vorkommen müssten, würde die geringe Ablenkung wieder kompensiert bzw. neutralisiert werden, .sodaß im Endeffekt dadurch   keine nennenswerte Ablenkung der Strahlen entstehen würde .

2. Virtuelles Erscheinen des Universums durch die Besonderheiten des Beobachtungsorts :

Die Sache ist aber noch etwas komplizierter als oben dargestellt , da es auch auf die Besonderheiten des Beobachtungsorts ankommt,

Wenn wir z.B. von unserer Erde aus durch ein Teleskop die Himmelsobjekte betrachten, werden die Lichtstrahlen der Sterne oder Planeten, die hier bei uns ankommen durch die Gravitation der Erde abgelenkt , sodaß die Himmelsobjekte , die wir beobachten **nicht reell**, **sondern leicht verschoben d.h. virtuell erscheinen. Je mehr das Teleskop von der senkrechten Linie abweicht, desto mehr erscheinen die Sterne verschoben .** Das ist besonders verheerend **und spielt beim Teleskopieren eine sehr wichtige Rolle** , da selten senkrecht teleskopiert wird. Dies müssten wir bei unserer Bebachtung berücksichtigen , wenn wir wollen, daß unsere Beobachtung reell ist und der Wirklichkeit entspricht, **da beim Wissen und Beachten dieser Phänomene bessere und genauere Bilder zu erzielen sind .**

3.   Virtuelles Erscheinen durch die Besonderheiten des Ortes, der beobachtet wird.

Die Sache wird noch etwas komplizierter, insofern als es auch auf die Besonderheiten des **Ortes** ankommt, **der beobachtet wird,** da nur die Lichtstrahlen ,die senkrecht den Ort verlassen , nicht abgelenkt werden. Wenn wir z.B. einen Planeten mit unserem Teleskop betrachten ,so werden **alle Lichtstrahlen, die den Planeten nicht senkrecht verlassen,** durch die Gravitation des Planeten **abgelenkt,** und zwar **auch hier je mehr desto schräger sie den Planeten verlassen, sodaß die entsprechenden Gebiete des Planeten verschoben, damit virtuell und nicht**

mehr reell und **naturgetreu erscheinen.** Auch dies müssten wir bei unserer Überlegung berücksichtigen, wenn wir wollen, daß unsere Bilder reell und naturgetreu sind.

Im Rahmen dieses Buches kann ich leider nicht noch ausführlicher auf diese faszinierenden Phänomene eingehen, da sonst der Rahmen dieses Buches gesprengt würde. Deswegen muß ich diesbezüglich verweisen auf **meine wissenschaftliche Arbeit „ Das Erscheinungsbild des Universums „.**

Ich weiß nicht , ob Sie sich bisher darüber Gedanken gemacht haben , **wo das Zentrum des Universums sich befindet und wie unser Koordinatensystem im Universum ist**, d.h. wo und in welcher Richtung wir im Universum stehen, ich meine damit wie wir mit unserem Sonnensystem und unserer Galaxie im Universum **positioniert** sind .

Wenn wir uns z.B. nachts den Himmel ansehen, schauen wir dabei mehr in Richtung Zentrum oder in Richtung Ende des Universums oder in keiner dieser Richtungen ? Unsere Astronomie hat zwar einige Fortschritte gemacht, eine Antwort darauf hat sie aber bisher nicht gefunden , d.h. das wissen wir bis heute immer noch nicht **(wegen der genaueren Einzelheiten wird verwiesen auf meine diesbezüglichen Theorien und wissenschaftlichen Arbeiten über die Thematik wo das Zentrum des Universums sich befindet und wie es experimentell ermittelt werden kann ,z.B. wie der Radius bzw. der Durchmesser des Universums ermittelt werden kann, der durch unsere Erde läuft und wie wir unser Koordinatensystem im Universum finden könnten).**

Wie oben   ausführlich dargestellt, **sind aber diese Fragen von fundamentaler Bedeutung für unsere gesamte Astronomie** , da erst wenn wir genau wissen, wo bzw. genau in welcher Richtung   das Zentrum des Universums sich befindet und somit genau in welcher Richtung   der jeweilige Radius bzw. der jeweilige Durchmesser des Universums verläut, der durch   unsere   Erde   läuft   ,und   wie   unser Koordinatensystem   im   Universum   ist, **können wir (z.B.   mit   Hilfe   eines   Computers) genau berechnen , wo die eigentlichen Positionen der Sterne am Himmel sind und somit ein reelles Bild unseres Universums entwerfen .**

Kapitel 19

Energie, Raum und Zeit

Notwendigkeit der Korrektur

unseres Koordinatensystems?

Energie, Raum, und Zeit hängen sehr eng zusammen , treten immer gemeinsam auf , und   sind einzeln völlig sinnlos und nicht vorstellbar.
Sie sind die 3 Grundpfeiler unseres Universums

Man hat früher geglaubt, daß der Raum tatsächlich leer wäre. Wir haben   aber bereits im Kapitel 8 darauf hingewiesen , daß diese frühere Annahme nicht zutreffend ist, und daß ein leerer Raum überhaupt nicht existiert .
Durch die Beobachtungen und Experimente im Zusammenhang mit der Quantentheorie **ist inzwischen nachgewiesen worden , daß auch das Vakuum nicht leer ist , sondern Elementarteilchen enthält , die sich laufend in Energie umwandeln und umgekehrt. Es entsteht scheinbar von nichts laufend Materie (sogenannte Quantenfluktuation).**

Der Raum ist deswegen immer gefüllt mit Energie bzw. Materie (wir wissen, daß die Energie und Materie miteinander äquivalent sind).

Die Energie ihrerseits kann nicht ohne Raum existieren und ist deswegen an das Vorhandensein von Raum angewiesen.

Die Zeit entfaltet ihren Sinn erst , wenn Raum und Energie vorhanden sind , damit sich etwas verändern bzw. etwas geschehen kann.

Energie, Raum und Zeit hängen somit eng zusammen und beeinflussen sich gegenseitig.

Wir haben bereits im Kapitel 12 im Rahmen meiner **energetischen Relativitätstheorie** gesehen, **daß Energie die Zeit , den Raum und die Masse bzw. das Gewicht beeinflußt**, , und daß die Zeit bei gigantischen Energiemengen sogar stehen bleiben kann.

Eine erhebliche Konsequenz dieser Feststellungen ist, daß **nicht nur die Lokalisation eines Objektes, sondern überhaupt auch sein Zustand und seine Eigenschaften stark veränderbar und abhängig sind von den jeweiligen Energieverhältnissen bzw. von dem Energiefaktor eines Ortes** .

Solange diese Energieverhältnisse bekannt sind , wie z.B. bei den verschiedenen Orten auf unserer Erde, können sie berücksichtigt werden , sodaß dann eine ziemlich genaue Lokalisation und eine ziemlich exakte Bestimmung des Zustandes und der Eigenschaften eines Objektes möglich ist.

Wenn aber die genauen Energieverhältnisse bzw. der Energiefaktor nicht bekannt und für uns nicht bestimmbar sind , wie z.B. bei den meisten Orten weit draußen im Universum ,dann ist auch eine exakte Lokalisation und eine exakte Bestimmung des Zustandes und der Eigenschaften nicht möglich .

Das ändert aber nichts daran, daß der Raum trotzdem 3-dimensional bleibt .

Wir müssen uns überhaupt davon lösen uns als Mittelpunkt des ganzen Universums zu sehen , alles nur im Bezug auf uns zu betrachten und mit irdischen Maßstäben messen zu wollen .
Ich habe an anderer Stelle bereits darauf hingewiesen, daß auch unsere physikalischen Formeln nicht für das ganze Universum ohne weiteres gültig auf andere Orte im Universum anwendbar sind .

Die Zeit oder andere Faktoren als eine neue Dimension bezeichnen zu wollen , mag zwar abenteuerlich und interessant erscheinen, würde aber nur zu weiteren Verwirrungen führen und die Sachen nur komplizierter machen .

Deswegen wäre es gut und vernünftig, bei unserem 3-dimensionalen Koordinatensystem und bei den **irdischen Verhältnissen zu bleiben** und uns wohl klar zu machen, daß wir nicht alles im Universum genau berechnen können , daß **unsere irdischen Maßstäbe und physikalischen Formeln nicht überall im Universum ohne weiteres anwendbar sind** , und die

Einzelverhältnisse anderswo im Universum völlig anders aussehen können als wir ahnen .

Wir können aber darauf stolz sein, daß wir trotzdem schon vieles im Universum entdeckt haben ,und vieles erklären und verstehen können .